环保装修
一本就  go

冯钒津　编

中国电力出版社
CHINA ELECTRIC POWER PRESS

内 容 提 要

家装污染物一般在新装修的房屋里面含量较高，如果超过国家标准，长期得不到解决的话，将影响人体健康，并可能致病。本书将环保家居作为策划出发点，让人们正确、客观地认识有害物质以及了解它们的来源，再搭配设计、选材、施工以及软装等方面的有效控制方式，以国家相关环保标准为指导，全面讲解如何打造健康、安全、环保的居住环境。不仅适合装修业主，同样适合刚入行的专业设计人员，是一本以实用为出发点的家居书。

图书在版编目（CIP）数据

环保装修一本就 go / 冯钒津编 . — 北京：中国电
力出版社，2017.5
  ISBN 978－7－5198－0559－3

  Ⅰ.①环⋯ Ⅱ.①冯⋯ Ⅲ.①住宅 – 室内装修 – 无污
染技术 Ⅳ.① TU767

  中国版本图书馆 CIP 数据核字（2017）第 061819 号

出版发行：中国电力出版社出版发行
地　　址：北京市东城区北京站西街 19 号（邮政编码 100005）
网　　址：http://www.cepp.sgcc.com.cn
责任编辑：曹　巍　乐　苑（010－63412611）
责任校对：常燕昆
责任印制：单　玲

印　　刷：汇鑫印务有限公司
版　　次：2017 年 5 月第 1 版
印　　次：2017 年 5 月第 1 次印刷
开　　本：710 毫米 ×1000 毫米　16 开本
印　　张：12.25
字　　数：204 千字
定　　价：49.80 元

前　言

　　随着生活水平的提高基本上家家户户在入住新居之前都会进行装修，于是装饰材料就非常走俏，这就导致了一些不法商贩的出现，很多人因为贪便宜而使用了低档次或者不合格的装饰材料，而导致出现了一些疾病。正因为这些危害健康现象的出现，人们对"环保家居"这一概念也越来越重视，想要装修环保先行，越来越多的人树立了这一正确的观念。但并不是所有的人对"环保家居""环保材料"都足够了解。

　　那么什么是环保家居呢？有明确的指标可参考吗？环保家装并不是说完全没有毒害物的家居环境，由于受原料和生产原料的限制不含有害物质的材料数量十分稀少，环保家居实际上是指装饰装修后的室内空气指标甲醛、苯以及总挥发性有机化合物（TVOC）等含量符合或优于国家规定的各项环保检测标准。住建部颁发的《民用建筑工程室内环境污染控制规范》（GB50325—2001）和国家质量监督检验检疫总局颁布的《室内装饰装修材料有害物质限量》都是对环保家居提供可靠的依据。在进行家居装修后，达到这些标准的家居就是环保家居，也就是说环保家居并不是没有污染，而是污染少。

　　家居污染并不是不可控制的，弄清楚污染物的类型以及来源，就可以从多方面来控制污染物的量，再搭配一些辅助手段使残留的有害物尽快挥发，来打造健康的住宅环境。

　　本书由"理想·宅 Ideal Home"倾力打造，对家居环保知识进行系统的整理，从认识有害物开始，到设计、选材、施工以及后期软装的选择，逐渐深入地使人们正确认识有害物质并了解有害物质的控制方式，以国家标准作为环保指标，并使其贯彻始终。同时，将每种环保的建材进行了详细的分类并配以选购、后期保养以及小知识作为知识点，为读者提供快速而有针对性的环保建材运用的绝佳技巧。另外，书中还精选了精美图片作为辅助性说明，让版面更有趣、更生动。本书具有非常强的实用性，不仅适用于计划进行家装的业主，也适用于刚入行的专业设计人员参考。

　　参与本书编写的有杨柳、赵利平、武宏达、黄肖、董菲、杨茜、赵凡、刘向宇、王广洋、邓丽娜、安平、马禾午、马光、谢永亮、邓毅丰、张娟、朱超、赵芳节、吴燕华、王伟、王力宇、赵莉娟、孙淼、杨志永、叶欣、张建、张亮、赵强、郑君及叶萍等。

Contents

目 录

第一章

装修前要识毒

从认识有害物质开始，
做到心中有数

01 认识室内有害物质，减少对身体的伤害

？难题解疑

1. 家中有害毒物主要有那些？　　　　　　　　　　　解答见 P.2

2. 有害毒物对身体的危害体现为那些症状？　　　　　解答见 P.3、P.4

3. 对家中的有害毒物有什么办法可以减少？　　　　　解答见 P.5

　　人们熟知的住宅中存在的有害毒物就是甲醛、苯等物质，实际上家居空间中的有害物质不仅仅限于这两种。在装修的过程中使用的材料会产生一定的有害物质，而在装修完成后，如果居室的结构设计不佳、存在一些容易产生细菌的景观，或室内有一些容易带来细菌以及产生细菌的物品，也会让居室产生一些其他有害毒物。

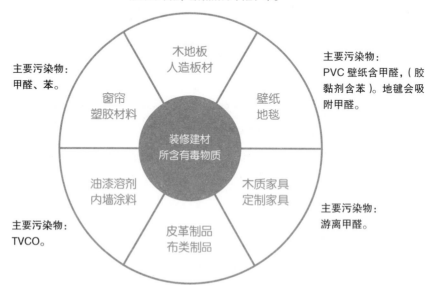

主要污染物：
板材为甲醛，胶黏剂为甲醛、苯。

主要污染物：
PVC 壁纸含甲醛，（胶黏剂含苯）。地毯会吸附甲醛。

主要污染物：
甲醛、苯。

主要污染物：
游离甲醛。

主要污染物：
TVCO。

主要污染物：
皮革为甲醛、苯、布类为甲醛。

木地板
人造板材

壁纸
地毯

窗帘
塑胶材料

装修建材
所含有毒物质

木质家具
定制家具

油漆溶剂
内墙涂料

皮革制品
布类制品

有害物危害

1 氡

氡是一种放射性的惰性气体，无色无味。释放在空气中，吸入人体后破坏体内细胞结构，国际卫生组织认定的 19 种致癌物质中，氡是其中之一。

氡主要来源于无机建材，如果进行了铺砖、砌墙等工序，可能会导致氡的产生。

2 甲醛

甲醛是无色但具有强烈气味的刺激性气体，吸入一定量的甲醛后人会出现呼吸道严重刺激和水肿、眼刺痛、头痛、哮喘等症状，长期吸入，严重的还会导致植物神经紊乱等疾病。

甲醛的主要来源是各种黏合剂，例如各种衣柜、床、书柜、地板等都会用到黏合剂，除此之外油漆、杀虫剂、空气清新剂、纺织品等中也都可能会含有甲醛。

3 氨

氨是一种带有刺激气味的气体，极易溶于水，主要对眼、喉、上呼吸道产生作用，刺激性强，可引起充血和分泌物增多，进而引起肺水肿。氨气主要来源于建筑物中的混凝土外加剂，除此之外还可来自室内装饰材料，例如油漆添加剂或增白剂中的氨水。氨气散发较快，不会在空气中长期存在。

4 苯

苯是一种无色但具有特殊芳香气味的液体，经常接触苯，皮肤可因脱脂而变干燥、脱屑，有的出现过敏性湿疹。长期吸入苯能导致再生障碍性贫血。

它主要来源于装修过程中使用的涂料中，在涂料的成膜和固化过程中，其中所含有的甲醛、苯类等可挥发成分从涂料中释放。挥发期为 6 ~ 12 个月。

5 总有机挥发物 TVOC

TVOC 的组成成分很复杂，除了醛类外，还有许多其他有害物质。它具有臭味及毒性和刺激性，是一类重要的空气污染物。能够引起机体免疫水平失调，影响中枢神经系统功能，严重时甚至可损伤肝脏和造血系统等。TVOC 主要来自油漆，涂料和胶粘剂等。

6 二氧化碳

二氧化碳无色无味，当少量吸入时，对人体的影响表现为头疼、昏睡、恶心、感到闷热；当大量吸入时，严重的容易使呼吸、循环系统及大脑机能受影响。

二氧化碳在室内的产生原因是空间封闭太久，氧气消耗大。它不是装修带来的产物，而主要是装修后的房屋使用不当、隔断结构过多或通风设计不佳造成的。

7 一氧化碳

一氧化碳正常情况下无色无味，很难被人们发现。如果室内一氧化碳的含量超标，就会造成缺氧、窒息、头疼、恶心的情况，严重的会危害生命。同时它对全身的组织细胞均有毒性作用，尤其对大脑皮质的影响最为严重。

室内一氧化碳主要产生于燃气（煤气）燃烧不完全的情况下，特别容易在使用燃气的厨房以及使用燃气热水器的卫浴间、阳台等空间中产生。

8 粉尘（悬浮微粒）

临近马路的房间容易吸入外界大量的粉尘，除此之外人们吸烟、烧香以及使用喷雾式产品也会产生粉尘。

粉尘容易引起咳嗽、呼吸困难，并引发气喘、慢性气管炎，造成心跳速度不规律，严重的会造成肺癌、心血管疾病以及心肌梗塞。

9 细菌

细菌的产生原因较多，包括空调污染产生、床上用品滋生、宠物身上产生、厕所滋生、未及时倾倒的垃圾、人体从外界携带以及衣物带来的细菌等。

如果室内细菌滋生过多，容易引起肺部感染、过敏等现象，严重的容易致癌。

10 真菌

真菌易产生于土壤、水和植物中，容易由空气带入到家中。如果室内开放环境中，设计了有土壤和水的景观区就很容易产生真菌。

真菌作用于人体容易造成气喘及过敏性鼻炎，并可能造成脚气及过敏性荨麻疹等症状。

针对毒物可采取的办法

●**除甲醛工程。**对于室内存在的甲醛和 TVOC 等短期无法去除的有害毒物，可以请专业的公司进行除甲醛操作。

●**加强通风。**养成开门、开窗通风的习惯，对于室内易挥发的有害物，可以随着空气的流通而被带走。进行居室设计时，要特别注意通风设计，并采用一些手段，让居室即使不开窗也能够进行换气。在夏季温度较高时，有害物挥发会加快，可以白天关闭门窗，夜晚开窗，加快去除室内毒物。

●**摆放植物。**开放式的柜子上面可以摆放一些吸收除甲醛的植物。

●**勤清洁。**经常性的清洁室内，特别是一些卫生死角和卫生间等潮湿的空间，减少细菌和真菌的滋生。

●**摆放除湿设备。**潮湿的地区和干燥地区比较潮湿的房间中，可以摆放一些小型的除湿设备来去除多余的湿气，保持室内空气的干燥，以避免为细菌滋生提供合适的环境。

项目	可能影响的空间	建议采取的办法
二氧化碳	卧室或者书房等长时间使用的空间。	开门、开窗通风，通过空气交换进行换气。
一氧化碳	厕所、阳台、厨房等使用燃气的空间。	随时注意这些空间的通风，建议安装报警器。
甲醛	卧室或书房等较不通风、不长开放的空间。	进行除甲醛工程，并加强通风。可摆放一些植物，帮助吸收甲醛。
悬浮微粒（粉尘）	客厅或卧室等临近马路的房间。	避开车辆较多的时间开窗换气。
总挥发性有机化合物（TVOC）	卧室或书房等较不通风、不长开放的空间。	进行除甲醛工程，并加强通风。可摆放一些植物，帮助吸收甲醛。
细菌	厕所或长期潮湿温暖的房间。	加强通风与清洁。可摆放一些除湿设备。
真菌	厕所或长期潮湿温暖的房间。	加强通风与清洁。可摆放一些除湿设备。

植物去有害物不是放着就行

● 植物去除甲醛等有害物是运用最广泛的办法，一般情况下，$10m^2$ 左右的房间，1.5m 高的植物放两盆就可以发挥作用了。但很多人的做法就是将植物放在那里就不管它，特别是厕所里面的植物，这是错误的做法。植物需要进行光合作用，才能够将吸附的藏空气转换成氧气供给室内，所以最好是摆放在阳光能够照射到的位置，卫生间里的植物可以经常拿出来照射阳光，晚上再放回去。除此之外，如果植物的叶片上堆积了过厚的灰尘会堵塞气孔妨碍气体的交换，建议每隔一周左右就用湿润的布将其叶片的正面和反面擦拭干净。

02 弄懂家中有毒物来源，少用少伤害

？ 难题解疑

1. 环保性能好的人造板就可以大量使用吗？　　　　　　　　解答见 P.6
2. E2 级的刨花板可以直接用于室内装饰吗？　　　　　　　　解答见 P.7

　　一般装饰材料中大部分无机材料是安全和无害的，如龙骨及配件、普通型材、地砖、玻璃等传统装饰材料。但有机材料中部分化学合成物对人体有一定的危害，目前市场上不少人造板如大芯板、刨花板、胶合板及复合地板使用了含有甲醛的服粉剂，油性多彩涂料中甲苯和二甲苯的含量占 20%~50%。这些物质在不断挥发，如果室内空气流通不畅，其浓度就会不断增高，对人体的健康造成严重损害。

　　一般不建议大量使用一种板材，即使是合格的产品，大量叠加使用也容易造成一种有害物质的超标。

　　大面积使用人造板做柜子时，一定要选用大品牌，质量合格的产品，否则很容易造成甲醛污染。

人造板

●**主要类别。**人造板是室内装修的最主要材料之一。大致分成三大类：一类是由木块或大幅面薄木片胶合而成的胶合板或胶合木（俗称大芯板）；另一类是由木刨花或小颗粒胶合热压而成的刨花板类产品；第三类是由木纤维胶合热压而成的纤维板类产品。

●**有毒来源。**因为含有甲醛这种有害气体的胶黏剂具有较强的黏合性，还具有加强板材的硬度及防虫、防腐的功能，所以目前生产人造板使用的胶黏剂是以甲醛为主要成分的脲醛树脂；由于人造板材通常都会用到，所以由于板材的原因甲醛超标很常见。

●**控制方法。**国家标准《室内装饰装修材料人造板及其制品中甲醛释放限量》（GB18580—2001），这一强制性国家标准中对人造板所含甲醛的限量标准值及其检测方法已作了明确规定，达到标志等级的产品即已不构成对人体及环境产生影响和危害，其限量标志为 E1 级，也就是说 E0 级、E1 级的板材可以直接用于室内。

产品名称	限量值	使用范围	限量标志 b
中、高密度纤维板、刨花板、定向刨花板等	$\leqslant$9mg/100g	可直接用于室内	E1
	$\leqslant$30mg/100g	必须饰面处理后可允许用于室内	E2
胶合板、装饰单板贴面胶合板、细木工板等	$\leqslant$0.5mg/L	可直接用于室内	E0
	$\leqslant$1.5mg/L	可直接用于室内	E1
	$\leqslant$5.0mg/L	必须饰面处理后可允许用于室内	E2
饰面人造板（包括实木复合地板、竹地板、浸渍胶膜纸饰面人造板等）	$\leqslant$0.12mg/m^3	可直接用于室内	E1
	$\leqslant$1.5mg/L		

1. 现在 L 代表"升"，$\leqslant$1.5mg/L 是指人造板放在一定空间里，这个空间里的每升空气的甲醛含量不能超过 1.5mg。
2. E1 以上的板材可直接用于室内的人造板，E2 必须饰面处理后允许用于室内的人造板。

人造板大量使用易造成甲醛超标

●E0 级人造板的用量不得超过室内使用面积的 2 倍，换句话说，装修一间 15m^2 的房间，E0 级标准板材的使用总量不得超过 10 张。

●E1 级人造板的用量不得超过室内使用面积的 0.3 倍，装修一间 15m^2 的房间，如果使用 E1 级标准的板材，总量最好不要超过 1.5 张。

油漆涂料

● **主要类别。**油漆涂料主要有两大类，一类是墙面漆或涂料，另一类是家具饰面的木器漆清漆或彩色漆。后者可分为油性漆和水性漆，其中水性漆较环保，油性漆中含苯或二甲苯的含量较多，同时还含有 TVOC（总挥发性有机化合物），很容易造成室内污染。除此之外，涂料中也有含有苯系物及 TVOC 多的产品，例如一些用原粉加稀料配制成防水涂料，操作后 15h 检测，室内空气中苯含量超过国家允许最高浓度的 14.7 倍。需要注意的是，即使是水性漆，如果是不合格或假冒产品，也会含有大量的苯系物和 TVOC。

● **有毒来源。**苯、甲苯、二甲苯是油漆中不可缺少的溶剂；各种油漆涂料的添加剂中也大量存在苯系物，比如装修中俗称为天那水和稀料，主要成分都是苯、甲苯、二甲苯。苯系物、VOC（挥发性有机化合物）和其他物质（如醛类）混合就会成为 TVOC。

● **控制方法。**减少不环保油漆的使用，尽量使用水性环保漆，不要购买含有松香水的油漆；涂料用无甲醛的产品或使用天然矿物涂料取代含有甲醛和苯的彩色涂料。选购油漆和涂料时应特别注意质量，避免使用不合格或者低档的产品。

2002 年国家环境局颁布了水性涂料新的绿色标准，规定内墙涂料中 VOC（挥发性有机化合物）不大于 3mg/L，其中苯的含量为 0 mg/L，甲苯和二甲苯的含量不大于 2.0 mg/L。可根据测量水性涂料中的苯、甲苯、二甲苯的含量来判断涂料是否为环保型涂料。

我国强制性国家标准《室内装饰装修材料　内墙涂料中有害物质限量》（GB18582—2008）中，对水性涂料的有害物质限量值有明确要求，达到这一标准的才为合格产品。《室内装饰装修材料　溶剂型木器涂料中有害物质限量》（GB18581—2009）中，对木器漆的有害物质限量值有明确要求，达到这一标准的才为合格产品。

室内装饰装修材料内墙涂料中有害物质限量

项目	限量值	
挥发性有机化合物（VOC）	水性墙面涂料	水性墙面腻子
	≤120（g/L）	≤15（g/kg）
苯、甲苯、乙苯、二甲苯总和	≤300（mg/kg）	
游离甲醛	≤100（mg/kg）	
可溶性铅	≤90（mg/kg）	
可溶性镉	≤75（mg/kg）	
可溶性铬	≤60（mg/kg）	

续表

项目	限量值
可溶性汞	≤60（mg/kg）

1. 涂料产品所有项目均不考虑稀释配比。

2. 膏状腻子所有项目均不考虑稀释配比；粉状腻子除可溶性重金属项目直接测试粉体外，其余三项是指按产品规定的配比将粉体与水或胶黏剂等其他液体混合后测试。如配合比为某一范围时，应按照水用量最小、胶黏剂等其他液体用量最大的配比混合后测试。

3. 本标准不适用于有机物作为溶剂的内墙涂料。

内装饰装修材料溶剂型木器涂料中有害物质限量

项目	限量值	使用范围
挥发性有机化合物（VOC）	聚氨酯类	面漆：光泽（60°）≥80，580 g/L 光泽（60°）<80，670 g/L 底漆：≤670 g/L
	硝基类	≤720 g/L
	醇酸类	≤500 g/L
	腻子	≤550 g/L
苯		≤0.3%
甲苯、二甲苯、乙苯含量总和	聚氨酯类	≤30%
	硝基类	≤30%
	醇酸类	≤5%
	腻子	≤30%
游离二异氰酸酯含量总和	聚氨酯类	≤0.4%
	腻子	≤0.4%（限聚氨酯类腻子）
甲醇含量	硝基类	≤0.3%
	腻子	≤0.3%（限聚氨酯类腻子）
卤代烃含量		≤0.1%
可溶性重金属含量（限色漆、腻子和醇酸清漆）		铅 Pb90mg/kg，镉 Cd75mg/kg，铬 Cr60mg/kg，汞 Hg60mg/kg

壁纸

●**主要类别。**壁纸的有害物主要来自于两方面，一是壁纸自身产生的危害，二是粘贴壁纸时使用黏合剂产生的危害。尤其是胶黏剂，它的品质直接关系着居室的空气质量，是毒害物质的主要来源。

●**有毒来源。**壁纸在生产加工过程中由于原材料、工艺配方等原因，可能残留重金属、氯乙烯单体以及甲醛三类有害物质，尤其是进行了二次加工的 PVC 类壁纸；粘贴壁纸使用的胶黏剂在生产过程中为了使产品有好的浸透力，通常采用了大量的挥发性有机溶剂，因此在施工固化期中有可能释放出甲醛、苯、甲苯、二甲苯、挥发性有机物等有害物质。由于壁纸的成分不同，对人体影响也是不同的：PVC 壁纸内可能会含有甲醛和苯，而天然纺织物墙纸尤其是纯羊毛壁纸中的织物碎片是一种致敏源，可导致人体过敏；一些化纤纺织物壁纸可释放出甲醛等有害气体。

●**控制方法。**我国强制性国家标准《室内装饰装修材料　壁纸中有害物质限量》（GB18585—2001）中，对壁纸中所含有害物质限量标准值及其检测方法已作了明确规定，达到标志等级的产品，对人体无害。

项目		限量标志 b
重金属及其他元素	钡	≤1000（mg／kg）
	镉	≤25（mg／kg）
	铬	≤60（mg／kg）
	铅	≤90（mg／kg）
	砷	≤8（mg／kg）
	汞	≤20（mg／kg）
	硒	≤165（mg／kg）
	锑	≤20（mg／kg）
氯乙烯单体		≤1.0（mg／kg）
甲醛		≤120（mg／kg）

颜色浓、鲜艳的壁纸容易超标

　　一般来讲，颜色越浓、越鲜艳的壁纸，在生产过程中往往需要通过加大色浆色料的用量来达到效果，其中有些色浆产品中会添加重金属的氧化物，因此在选购表面花色多、颜色浓的壁纸时，需要格外关注重金属的含量是否超标，避免购买超标的产品，危害健康，可通过查看产品的检测报告来鉴别其有害物含量。需提醒注意的是，国家标准规定，室内空气每立方米甲醛含量不能超过 0.08 毫克，因此即使是合格产品，如果用量过大，也会造成污染。

地毯

●**主要类别。**地毯总体来说可以分为两大类，一类是天然羊毛地毯，另一类是加入了化纤材料的混纺地毯。天然羊毛手工编织的地毯没有任何污染，被称为"软黄金"，而化纤地毯因为在制作过程中加入了一些化学物质，就可能存在有害物超标的情况。

●**有毒来源。**地毯的有毒来源有两种途径，一类是化纤类地毯生产过程中产生的有害物，包括生产化纤物质的原料以及制作背衬需要添加的胶黏剂等，可能含有甲醛、丙烯腈、甲苯、乙苯、苯乙烯等有害物质，其中以苯系物为主。另一类是地毯在使用过程中吸附和产生的有害物质，如甲醛、螨虫、粉尘等。

●**控制方法。**按照《室内装饰装修材料　地毯、地毯衬垫及地毯用胶黏剂中有害物质释放限量》（GB18587-2001）的强制性国家标准要求，总挥发性有机化合物、甲醛等有机化合物都被限制在严格的范围内，A级为环保型产品，B级为有害物质释放限量合格产品。

地毯有害物质释放限量

项目	限量值	等级
TVOC（总挥发性有机化合物）	≤0.500mg/m²h	A
	≤0.600mg/m²h	B
甲醛	≤0.050mg/m²h	A
	≤0.050mg/m²h	B
苯乙烯	≤0.400mg/m²h	A
	≤0.500mg/m²h	B
4-苯基环乙烯	≤0.050mg/m²h	A
	≤0.050mg/m²h	B

地毯衬垫有害物质释放限量

项目	限量值	等级
TVOC（总挥发性有机化合物）	≤1.000mg/m²h	A
	≤1.200mg/m²h	B
甲醛	≤0.050mg/m²h	A
	≤0.050mg/m²h	B

项目	限量值	等级
丁基羟基甲苯	≤0.030mg/m²h	A
	≤0.030mg/m²h	B
4-苯基环乙烯	≤0.050mg/m²h	A
	≤0.050mg/m²h	B

地毯胶粘剂有害物质释放限量

项目	限量值	等级
TVOC（总挥发性有机化合物）	≤10.00mg/m²h	A
	≤12.00mg/m²h	B
甲醛	≤0.050mg/m²h	A
	≤0.050mg/m²h	B
乙基已醇	≤3.000mg/m²h	A
	≤3.500mg/m²h	B

PVC卷材地板

●**主要类别。**PVC 卷材地板也叫塑料地板和聚氯乙烯地板，它是以聚氯乙烯及其共聚树脂为主要原料，加入填料、增塑剂、稳定剂、着色剂等辅料，在片状连续基材上，经涂敷工艺或经压延、挤出或挤压工艺生产而成。PVC 地板可以做成两种，一种是同质透心的，就是从底到面的花纹材质都是一样的；还有一种是复合式的，就是最上面一层是纯 PVC 透明层，下面加上印花层和发泡层。

●**有毒来源。**合格的、高质量的 PVC 地板在正常温度下是安全的，一般不会存在超量的有害物质。但室内环境连续超过 130℃时会挥发一种 HCL 有害气体，对身体造成伤害。质量不佳的 PVC 地板，容易存在甲醛和苯系物超标的情况，如果地面有地暖，经常烘烤，还容易有铅等重金属物质超标。

●**控制方法。**按照《室内装饰装修材料　聚氯乙烯卷材地板中有害物质限量》（GB18586—2001）的强制性国家标准要求，卷材地板聚氯乙烯层中氯乙烯单体含量应不大于 5 mg/kg，卷材地板中不得使用铅盐稳定剂；作为杂质，卷材地板中可溶性铅含量应不大于 20mg/m²。卷材地板中可溶性镉含量应不大于 20mg/m²。

发泡类卷材地板中的挥发物限量		非发泡类卷材地板中的挥发物限量	
玻璃纤维基材	其他基材	玻璃纤维基材	其他基材
≤75g/m²	≤35g/m²	≤40g/m²	≤10g/m²

木制家具

●**主要类别。** 木制家具是指一切用木料制作的家具，属于市面上家具的一个大种类，包括实木家具、板式家具、复合木家具等多种类型。

●**有毒来源。** 木制家具的有毒来源主要有两种，一类是游离甲醛，来源于各种人造板材，包括中密度纤维板、刨花板、胶合板和细木工板等，也包括饰面板；部分胶黏剂；木家具中部分的部件端面没有封边处理和部件中有部分安装连接孔。另一类是重金属，来源主要为家具表面色漆涂层膜，特别是彩色涂料家具，如红丹、铅、铬黄、铅白等。

●**控制方法。** 按照《室内装饰装修材料　木家具中有害物质限量》（GB18584—2001）的强制性国家标准要求，关于木制家具中的游离甲醛和重金属含量都有明确要求，只要达到这一要求的木家具才是合格产品，超标则为不合格。

项目		限量值
甲醛		≤1.5mg/L
重金属含量 （限色漆）	可溶性铅	≤90 mg/kg
	可溶性镉	≤75 mg/kg
	可溶性铬	≤60 mg/kg
	可溶性汞	≤60 mg/kg

木制家具中还可能含有苯和 TVOC

　　《室内装饰装修材料　木家具中有害物质限量》只限定了甲醛和重金属的含量，而没有明确规定木制家具里苯或者其他有害物质的释放量，同时，对于家具的摆放时间、地点、环境等也没有做出相应的规定，对于这些可能影响甲醛排放的因素没有细致、具体地规定出来。而木制家具因为受使用原料以及制作方式的影响，还可能会含有苯系物和 TVOC，对于这些也没有明确规定。在家具检测证书上，要注意审查，看是否有这方面的检测项目，根据其检测证书上的含量，核对一下室内此类物质的合格数值，如果超出合格数值较多，就不建议购买，或购买样品。

03 最专业，甲醛浓度对身体的不同影响

? 难题解疑

1. 甲醛的正常消散时间是多久？　　　　　　　　　　　解答见 P.14
2. 不同浓度的甲醛对身体的伤害程度有区别么？　　　　解答见 P.15
3. 如何判断家中甲醛是否超标？　　　　　　　　　　　解答见 P.15

　　购买建材的时候如果没有有意控制材料的甲醛浓度，通常新装修的房子，甲醛的浓度范围为 0.6~3ppm（1ppm=10^{-6}）。甲醛的科学半衰期是 2 年，在通风良好的室内，甲醛的味道会逐渐消除，然而这只是刺鼻气味的消除，甲醛的味道消失后，不代表它就散发干净了，实际上其消散时间短则 3 年，最长可达到 12 年。浓度越高的甲醛，消散时间越长，在装修好以后，靠近家具等制品后，如果觉得特别刺目想要流泪，可以请专业公司进行检测，不同浓度的甲醛对身体伤害的程度是不同的，必要时可以采取除甲醛措施。

　　在没有专业仪器的情况下，封闭空间几个小时，可以通过进门后的有无不适的生理反应来判断住宅是否健康。

　　除了板材外，地毯和家具中也可能会含有甲醛，可以通过气味来简单判断。

甲醛浓度对人体健康的不同影响：

甲醛浓度	人体反应	对人体伤害	等级	建议
0.08ppm	几乎没有味道，人体没有感觉	基本无伤害	★★★★★	健康环境
0.1ppm	美国劳工部安全健康部门健康标准范围	基本无伤害	★★★★★	保持良好通风
0.1~0.15ppm	在健康标准值范围内	基本无伤害	★★★★★	保持良好通风
0.15~0.25ppm	老人、儿童以及体质敏感者会感到明显的不适	幼儿长期吸入，容易引起皮肤过敏、免疫力下降	★★★★★	不建议儿童长期居住在此环境中
0.25~0.3ppm	会引起刺目甚至流泪的感觉	容易引起气喘、过敏、科所、胸闷、头晕、疲倦、睡眠不良等症状	★★★★★	孕妇、儿童、女性、老人及身体不适者不适合长期居住
0.3~0.5ppm	会流泪、咳嗽、胸闷，严重的会并发恶心、呕吐、气喘等症状	儿童智力下降、内分泌失调，生理期紊乱	★★★★★	不建议任何人居住
0.5ppm 以上	会闻到刺鼻的气味，使咽喉不适，并发恶心、呕吐、气喘等症状	染色体异常影响生育、致癌	★★★★★	不建议任何人居住
5ppm 以上	进门即咳嗽、胸闷、头晕、疲倦、气喘，甚至引发睡眠不良等问题	长期会致癌，如慢性呼吸道疾病引发鼻咽癌、结肠癌、脑癌等	★★★★★	不建议任何人居住

通过生理反应辨别甲醛是否超标

　　如果搬入新居后，有以下情况出现，证明室内有甲醛超标的情况：每天清晨起床时，感到憋闷、恶心、甚至头晕目眩；家中经常有人感冒、过敏等，且为群发性；小孩常咳嗽、打喷嚏、免疫力下降；虽然不吸烟，但是经常感到嗓子不舒服，有异物感，呼吸不畅；植物不易成活，叶子容易发黄、枯萎；家具有刺鼻刺激性异味，而且异味长期不散。

04 了解家庭装修环保的误区

? 难题解疑

1. 装修后家里没有味道就是代表绝对安全么？　　　　　解答见 P.16

2. 房子晾晒 3 个月就可以安心入住，正确么？　　　　　解答见 P.17

3. 多用植物就可以清除甲醛，这种说法对么？　　　　　解答见 P.17

环保这个问题，现在广泛的引起了人们的重视，对于装修后的新居，有害物质是无法完全杜绝的，即使是环保的材料，也仅仅是把有害物质控制在安全范围内，很少材料可以做到完全没有有害物，由于人们对环保这一标准了解透彻的比较少，就产生了很多关于家装环保问题的误区，这些误区很可能会使污染更严重进而危害健康。例如新居没有气味就代表没污染、多种植物就可以去除甲醛、用芳香剂等掩盖甲醛的刺鼻气味等，这些都属于家装环保误区，正确的认识和了解这些问题，能够让家居更健康，避免毒物危害。

很多人认为，在装修结束后没有味道就是安全的，这是非常错误的认知。

常见错误

1 装修完没异味或少异味就是安全的

现象： 没有异味就是没有污染。

错误度： ★ ★ ★

解答： 很多挥发性气体，例如氡、氨等有害物质是无色无味的，无法通过气味来判断室内是否存在这些物质；当甲醛不超过一定含量时，气味也是很小的，很难被发现。

正确处理： 请专业的检测机构来对居室进行空气质量检测，判断是否有害物超标。

2 装修后晾晒三个月即可入住

现象： 装修好的新居，晾晒时间最多的也不会超过 5 个月。

错误度： ★ ★ ★

解答： 虽然可以通过通风的手段让一部分挥发时间短的有害物质消散一部分，但实际上甲醛只能去除表面的一部分，甲醛的真正释放期最长可达 15 年之久。

正确处理： 找权威机构进行空气质量检测，根据结果进行针对性处理。

3 环保材料代表没有污染

现象： 装修时选择环保材料，认为这样就绝对安全，但如果进行检测，却往往是超标的。

错误度： ★ ★ ★ ★

解答： 环保材料并不代表完全没有有害物质，且甲醛、苯等有害气体，不仅仅存在于建材中，地毯、床上用品、黏合剂等质量不佳也会存在，使用数量多一样会引起有害物质超标。

正确处理： 控制板材用量，购买家具以及黏合剂等辅料的时候，也要注意购买环保材料。

4 使用空气净化机能够去除有害物

现象： 购买一台空气净化机能够解决室内的污染问题。

错误度： ★ ★ ★ ★

解答： 这是一种治标不治本的方式。空气净化机处理的面积是有限的，而且甲醛等有害气体的释放是持续不断的，如果不针对源头采取措施，使用空气净化机只能是暂时性。

正确处理： 请专业机构检测，找到污染源头，然后针对性的采用连环手段治理。

5 **多用植物就可以清除甲醛**

现象：希望通过这些绿色植物来治理甲醛，保证家里的空气质量。

错误度：★ ★ ★ ★ ★

解答：部分特定的绿色植物确实有吸附甲醛的能力，但这个量非常小，而且吸附满载之还需要进行光合作用来进行"消化"，所以只能作为辅助治理方式。

正确处理：室内污染不严重的，可以采用绿植 + 通风 + 活性炭等辅助手段来缓解；污染问题严重的，就需要专业队伍来通过人工加热、光触媒等方式来人为治理。

6 **只治理主要房间**

现象：为了节省资金只要求检测主要房间，例如客厅和卧室，书房等空间不进行检测。

错误度：★ ★ ★

解答：空气是流通的，主要房间不存在有害物超标的问题，不意味着其他房间也不存在这类问题，尤其是柜子比较多的空间，有害物超标会通过空气流通到其他空间中。

正确处理：如果计划进行检测，最好全面的检查，如果条件不允许，柜子多的空间也应首先检测。

7 **主材都是环保的就安全**

现象：腻子、胶等配料和地毯等软装饰购买时忽略环保性能。

错误度：★ ★ ★ ★ ★

解答：达标≠无毒，所以没有达标的材料中的有害物更是超标的，特别是胶类，而它们的使用数量往往很惊人。

正确处理：购买腻子、胶等辅料以及地毯等装饰品时，更应注意环保指标。

达到国标的甲醛含量也需要 5000 天才能释放完

2006 年版《民用建筑工程室内环境污染控制规范》（2013 版）（GB50325－2010）中明确指出，甲醛含量 I 类标准为：甲醛小于或等于 0.08mg/m³ 空气天。250m³ 空气中，甲醛小于或等于 20mg/ 天才能达到国家标准（0.08mg/m³×250m³=20mg），即在达到国家标准的前提下，这100g 的甲醛在一个 250m³ 的房间里按国家标准均匀挥发，需要 5000 天才能挥发完。

 解决装修污染的有效方法

随着人民生活水平的提高，现代人对居住环境提出了更高的要求，但装修后的污染如何解决，尤其是有老人和孩子的家庭，更是对家居的环境质量提出了更高的要求。

下面让我们来看一看目前市场上的几种空气污染治理的产品对比：

产品名称	光触媒	活性炭	臭氧	空气净化器	空气清新剂	新风系统	生物酶
产品形态	纳米二氧化钛颗粒	粉末状活性炭颗粒	臭氧发生器	空气净化器（成品）	有香味的溶剂	新风系统（成品）	有活细胞的蛋白质
产品原理	纳米二氧化钛在光的照射下，会和空气的水分发生光催化反应，产出氧化分解能力极强的活性氧和自由氢氧基，当污染物接触其表面时候，通过这些离子的强氧化还原能力将其甲醛等有害物质分解掉。分解产物是二氧化碳和水。	是黑色粉末状或颗粒状的无定形碳。活性炭主成分除了碳以外还有氧、氢等元素。活性炭在结构上由于微晶碳是不规则排列，在交叉连接之间有细孔，再活化时会产生碳组织缺陷，因此它是一种孔碳。堆积密度低，比表面积大。活性炭无臭、无味、无砂性、不溶于任何溶剂，对各种气体有选择性的吸附能力，对有机色素和含氮碱有高容量吸附能力。	又称为超氧，是氧气的同素异形体，在常温下，它是一种有特殊臭味的淡蓝色气体。在常温常压下，稳定性较差，可自行分解为氧气。臭氧具有青草的味道，吸入少量对人体有益，吸入过量对人体健康有一定危害。不可燃，纯净物。	主要由电动机、风扇、空气过滤网等系统组成。机器内的马达和风扇使室内空气循环流动，污染的空气通过机内的空气过滤网后将各种污染物清除或吸附。	用香味掩盖刺激性异味，迷惑嗅觉。	常与中央空调配合使用，形成空气流动场，过滤通风，将室内外空气进行交换。	通过一定的技术进行雾化处理，喷射在室内的空气中，让他们和空气中的有害分子充分接触，破坏有害气体的原子结构。
产品特点	光催化剂，可见光分解有害有机物，防污自洁、防霉除臭、杀菌抗菌、净化空气、无毒无害、食品级安全保障。	黑色粉末状或块状的黑色固体，具有吸附力。	有特殊臭味的淡蓝色气体。常温常压下，稳定性较差。使用浓度超过0.15PM时产生溴化物危害健康。	能够吸附、分解或转化各种空气污染物（一般包括粉尘、花粉、异味等污染空气）。	由乙醇、香精、去离子水等成分组成，通过散发香味来掩盖异味。	由送风系统和排风系统组成的一套独立空气处理系统。	一种酶只能催化一类物质的化学反应，催化效率高、专一性强、作用条件温和。

续表

产品名称	光触媒	活性炭	臭氧	空气净化器	空气清新剂	新风系统	生物酶
产品时效	5年以上，见光长久就能持久分解有机苯污染物及病菌细菌、异味，完全无味的情况下不能发挥作用。	1~2周吸附饱和，需要暴晒阳光，在常温下慢慢分解，200℃时迅速分解，含量为1%以下的分解，易造成二次使用但分解为二次污染。	臭氧很不稳定，在有周边的10m²左右，机器形成约制约空气仅能室内循环，无法使室内的空气流动，更无法调节室内的各种细菌、病菌。分解室表期约为20-30min。	可长期使用，作用在空气中才能有一定激性及味，迷惑嗅觉。	可周期用香味袋	可长期使用	生物酶除甲醛的原理是清除空气漂浮污染物，也就是说，必须要长期喷材，在空气中才能有一定的效果，如果一次喷涂的活，过一段时间可能让全效，优势在于通过酶的催化作用让高温会破坏酶的物质组成，低温会抑制酶的活性。
杀菌类型	大肠杆菌、金色葡萄球菌，霉菌，念珠菌等。	无	臭氧发生器需消耗电能。	无消耗但须重复过滤。	无	无	无
能源消耗	不能消耗任何能源，只需可见光。	无消耗	耗电能。	耗电，耗水，耗材（滤网）。	无消耗但须重复购买。	耗电且需反复购买，耗材。	无
其他功能	净化空气，防霉除臭。	过滤，吸附。	防臭防霉，简易消毒。	减少室内灰尘以及PM2.5。	无	常规过滤，形成空气循环，净化。	用于皮革毛整理体格。
除甲醛功能	能	能	能	微弱	不能	微弱	微弱
经济性分析	需要专业人员施工，一次施工保持5年以上，以100m²房来计算，如以100m²房屋5年的费用算是低于下某的费用差低于每年20元/m²。	一次性使用，反复性极短，费用需及时更换，否则造成二次污染。2000-6000元不等。	一次施工，有效性极短，需使用及更换，芯售价为600-2300元不等，进口的一辆为200-500元；国产的12000元左右，循环空气。	使用成本大。滤芯且无净化作用；滤芯体格根据产地不同，进口的更贵，过滤作用，杀菌处理，100m²房屋差新风系统至少需要11000元。	气味较刺激，且无净化作用；滤芯根据产地不同，10-100元零。	前期投入巨大，对空间格接近；但它需要多次施工，反复进行，后期维护成本较高，如能达到良好效果，反复施工，费用大，影响使用时间。	在只施工一次时，与纳米无麻体体大。

第二章

设计要排毒

从规划做起，
为居家健康打好基础

01 越简单越环保，
慎选家居装修风格

❓ 难题解疑

家居常用设计风格大致可以分为九个类别：美式乡村风格、田园风格、欧式古典风格、简欧风格、地中海风格、东南亚风格、新古典风格、现代简约风格以及新中式风格。带有"古典"字样的通常造型及选材都比较复杂，而带有"简约"字样的造型及选材上就比较简洁一些。造型越复杂的使用材料的种类往往也越多，也就越容易产生较多的有害物质，如果新居比较急住，建议从设计开始就有意识的采用环保设计，选择简单的装饰风格，减少材料的用量和种类。

新古典风格的家居，墙面采用了石膏板、壁纸、乳胶漆等材料；吊顶层级较多，并黏贴了壁纸；窗帘和家居的造型也比较复杂，这些设计很容易出现有害物超标的情况。

北欧风格属于简欧风格的一种，顶面和墙面没有使用任何造型，大大的减少了污染源。家居的款式比较简单，数量少，有害物含量比较容易把控。

类别介绍

1 美式乡村风格

环保级别：★ ★ ★

风格特点：自然、朴素而高雅，重视生活的自然舒适性，乡村气息较重。

代表造型：家具较厚重、古朴；顶面造型通常较为复杂，甚至会使用木料；墙面为了衬托家具和顶面通常会做一些造型，例如壁炉。

代表用材：选材较环保，自然类材料较多，例如各种实木、铁艺制品、石材、天然棉麻类布艺以及数量较多的绿植，除此之外壁纸、木地板、仿古地砖也是较常用的材料。

评价：自然材料没有污染或较少污染，但墙面、顶面造型复杂，降低了环保性。

2 田园风格

环保级别：★ ★ ★

风格特点：贴近自然，展现朴实生活，包括有英式田园、韩式田园、中式田园、法式田园等多种风格。

代表造型：无论哪一种田园风格，讲求的都是回归自然，因此造型比较简单、大气，顶面都是大块面的造型，有时会使用木料，墙面造型比较简单。

代表用材：自然类材料较多，包括实木、木板、铁艺、砖石、椰壳、天然棉麻类布艺以及数量较多的绿植。墙面多使用田园风格的壁纸或彩色乳胶漆，甚至还会直接使用砖石。

评价：自然材料没有污染或较少污染，但造型的制作以及壁纸胶黏剂可能含有超标有害物。

3 欧式古典风格

环保级别：★

风格特点：追求华丽、高雅的一种古典风格。

代表造型：欧洲经典建筑多为此类风格，造型非常复杂，做工精美，无论是顶面、墙面还是家具，大多有雕花、金漆描边等设计，壁炉更是不可缺少的代表性造型。

代表用材：各种木料例如柚木、橡木等实木板材、复合板材以及木地板，皮革、石材、壁纸甚至是天鹅绒。

评价：材料种类较多，并伴有复杂造型；金漆、色彩壁纸等易有污染，不容易控制。

4 简欧风格

环保级别： ★ ★ ★ ★ ★

风格特点： 简洁、功能化且贴近自然。

代表造型： 经典的北欧风格，室内的顶、墙、地三个面，完全不用纹样和图案装饰，只用线条、色块来区分点缀。

代表用材： 崇尚原木，上等的枫木、橡木、云杉、松木和白桦被作为家居装饰及家具的主要材料；墙面多使用乳胶漆，白色为代表色；各种天然布料如棉、麻也是主要材料。

评价： 以自然、少加工的材料为主，造型简洁，很容易控制有害物。

5 地中海风格

环保级别： ★ ★ ★

风格特点： 自由奔放、贴近自然，色彩多样、明亮；分为希腊地中海和北非地中海两个大种类。

代表造型： 希腊地中海的造型比较简单，典型代表是拱形门口、连续的拱廊等，少有浮华的设计；北非地中海的色彩比较厚重，所以造型也比较复杂一些。

代表用材： 希腊地中海风格多用自然类材料，例如实木、贝壳、石子、陶瓷以及白色的墙面等，配色以蓝白为主；北非地中海多用大地色系，色彩厚重，材料多为各种木质，也用壁纸、板材、各种深色布料。

评价： 希腊地中海风格较为环保一些，北非地中海风格环保度稍低。

6 东南亚风格

环保级别： ★ ★ ★

风格特点： 原始自然、色泽鲜艳、崇尚手工。

代表造型： 以对称的木结构为主，顶面或墙面通常有厚重的木质造型。

代表用材： 无论是顶面还是家具，都多见木料。墙面多使用硅藻泥、纹理腻子或壁纸做装点，色彩斑斓的泰丝是具有代表性的材料，除此之外，还多见椰壳、黄铜、藤等材料。

评价： 现在实木原料价格较高且稀有，就会多用板材代替，环保性不好掌控。

7 新古典风格

环保级别： ★★

风格特点： 高雅而和谐，源自于古典风格，具有历史感与浑厚的底蕴，但比古典风格更简约。

代表造型： 墙面多使用经过提炼的欧式线条造型，减掉了复杂的欧式护墙板使用了提炼过的石膏线勾勒出线框，把护墙板的形式简化到极致。顶面与墙面造型配合，通常都有层级式的吊顶造型。

代表用材： 墙面多以古典欧式色彩的壁纸配合石膏板或木质材料的造型，地面多用石材拼花或地砖，家具多为皮革、天鹅绒等材料搭配雕花木框。

评价： 造型丰富，使用的材料数量多，环保性较低。

8 现代简约风格

环保级别： ★★★★

风格特点： 尽可能不用装饰和取消多余的东西，讲求"少既是多"，色彩多以黑白灰为主，搭配少量亮色。

代表造型： 室内墙面、地面、顶棚以及家具陈设乃至灯具器皿等，均以直线条和大块面造型为主，以装饰线、带、块等异型屋顶为特征，立面立体层次感较强。

代表用材： 多以现代特点的材料为主，例如墙漆、壁纸、玻璃、金属和木饰面板等，简少材料的使用数量。

评价： 软装多为玻璃、金属等无污染材料为主，造型和材料数量较少，环保性较高。

9 新中式风格

环保级别： ★★★

风格特点： 中式元素与现代材质的巧妙兼柔，将明清时期家居理念的经典元素提炼并加以丰富。

代表造型： 空间装饰多采用简洁硬朗的直线条，对称式结构最常被运用，墙面造型较简单，为了突出风格特点会使用中式屏风、博古架或哑口分隔空间。

代表用材： 多用木质材料，如实木、木地板或人造板，也会使用砖石、壁纸、丝绸、纱、瓷、地毯、乳胶漆等相互搭配。

评价： 木质的选用很重要，如果使用大量人造板，就容易造成有害物超标的情况。

02 结构误区，不是窗户越大通风就越好

？难题解疑

1. 什么样子的房子通风好？ 解答见 P.26

2. 有落地窗的建筑是不是通风就好？ 解答见 P.27

3. 室内通风不佳可以采用什么手段改善？ 解答见 P.27

很多人在买房子的时候都会首先考虑地段、层高、采光等条件，而实际上买房子不仅仅要看这些条件，更应注重的是房子本身内部的结构价值，一个结构好的房子，才能让居住其中的人感觉舒适又能够保证健康。结构选择应注意什么呢？首先应注意通风，良好通风的房子才能够带来顺畅的空气气流运动，带走室内的污浊空气，带进新鲜的空气，因此通风的好坏也应该作为选择房子的重要条件之一。

房子各功能区域中间阻隔少，且南北通透的户型，窗的开口合理，自然通风也就好。

最佳通风线路是从客厅、餐厅进风，从厨房及卫浴间出风。

通风结构

1 最佳通风结构是从客厅进，卫浴厨房出

选购居所时，首先应注意其主动通风方式，即通过窗用空气的气压使室内外空气流通的通风方式。相对的两面墙上都有窗，窗开口的面积在墙面积的1/4，且南北朝向的户型通风最好。同时应注意，最佳的通风路线是让风从客厅或餐厅等公共区域进入，从厨房及卫浴间排出。这样做可以让位于动线末端的潮气、湿气和油烟迅速的排除到室外，不会回流到室内，避免造成室内的空气污染。

2 增加被动式通风

如果居室的主动通风不够好，可以采用被动式通风进行辅助，来加强室内空间的流通。被动式通风是指以机械设备来辅助通风，例如排气扇、电风扇、抽风机、全热交换机等。现在大部分住宅的卫生间都没有窗户或窗户很小不能满足自然通风、换气的需求，就可以安装排气扇或抽风机来促使空气被迫流通，排除室内潮气，减少细菌滋生。

3 不是窗户大就通风好

通风可以理解成房子的新陈代谢功能，房子的通风越好，不良物质就被带走的越快。但并不是窗户越大就代表通风功能越好，还应看窗户的开口，开口最少应达到窗户大小的1/4，才能够将外界的空气导入到室内。现在很多建筑都是落地窗，这种设计如果只能算是另类的玻璃墙，能够保证充足的采光，并不意味着能够保证通风良好，一整面落地窗上，如果只有两扇小的窗户能够打开，那么就不能引进室外空气，保证通风的顺畅。

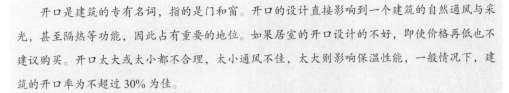

开口

开口是建筑的专有名词，指的是门和窗。开口的设计直接影响到一个建筑的自然通风与采光，甚至隔热等功能，因此占有重要的地位。如果居室的开口设计的不好，即使价格再低也不建议购买。开口太大或太小都不合理，太小通风不佳，太大则影响保温性能，一般情况下，建筑的开口率为不超过30%为佳。

03 使用加强通风的设计，让流通的空气带走毒物

❓ 难题解疑

1. 室内通风不佳是否可以改善？ 解答见 P.28

2. 窗户可以采取什么手段来增加通风？ 解答见 P.29

3. 使用折叠门代替墙体可以扩大通风面积么？ 解答见 P.29

　　如果所购房屋的通风设计不佳，可以通过一些设计手段来加强居室的空气流通，便于后期装修好后，让流通的空气带走室内污染物。最简单的是改变窗户的形式，根据户型的特点，更换合适的窗，加大空气流通。其次，还可以选择方便通风的门，例如带有百叶设计的款式或者采用折叠门、推拉门来替代实体墙等，以减少门对空气的阻碍，让通过窗进入的空气更好的在室内流通。

　　在门的上部分和下部分添加了一些百叶设计，能够在门关闭的时候也保证空气的流通，很适合卫浴间和厨房。

在不适合使用平开窗的部分，或者窗的下半部分，使用悬窗能够加强室内的空气流通。

加强通风的设计

1 增加悬窗

悬窗是指沿水平轴开启的窗。分为上悬窗、中悬窗和下悬窗两种，下悬窗的实用性比其他两种好一些，使用更便利也更经济。如果想保留大面积观景窗的整体性又想要增加空气的流通，就可以在下部分使用下悬窗，上部分保留整体玻璃，既不影响美观又能通风。对于不适合安装平开窗的部位，如果想增加室内通风，可以改成安装悬窗，因为悬窗是垂直斜向开启的，即使下雨雨水也不容易进入到室内。

2 厕所使用上掀窗

开窗通风是绝大多数居所的主要通风方式，然而风的到来受很多条件的限制，例如周边环境的改变、气候的改变等，如果遇到换季或者周围有了更高的楼房时，可能会出现厨房和卫生间的臭气倒吹进室内的问题，这时可以将这两个空间的窗换成上掀的款式，利用窗减少进气量，但同时又可以维持开敞通风。尤其是在温暖的地区，可以将窗分成上下两部分，下部分维持正常的平开窗，上部分换成上掀窗，满足不同的使用需要。

3 对开窗捕捉平行风

窗外明明有风流动，但是打开窗，室内就是不进风，这种情况并不少见。风进入空间的多少跟窗的位置有关，如果窗正对风向，无论使用什么类型的窗，风都能进入室内；如果窗与风向平行，开窗就不会进风。这种情况下，如果想要让风进屋就可以使用对开窗来捕捉平行风。例如弧形窗或阳台拐角靠近墙的相对位置上，同时使用窗。

4 使用能够通风的室内门

在一些户型中，厨房和卫浴间的窗户可能比较小，或者干脆没有窗，为了加强这些区域的空气流通，可以使用带有通风设计的室内门，例如带有百叶的款式，卧室和书房如果有需求也可以使用，或者把门上面的一部分墙用木质百叶来代替。如果家里有大面积的柜子，又担心柜体里面会隐藏有害物质，柜门也可以这么做。

5 使用折叠门来代替墙体

除了窗子外，门也是通风的来源之一，有一些空间的私密性并不是很强，例如书房、厨房，如果这些房间的墙是隔断墙或者打算做成玻璃墙，完全可以用玻璃折叠门来代替，有需要的时候关闭就可以保持独立性，而需要通风时就将其打开，没有阻挡空气流通会更顺畅。

04 远离不良隔墙，减少毒气滞留

? 难题解疑

1. 隔墙多的房子是不是会影响通风？　　　　　　解答见 P.30
2. 怎么做可以去除不良隔墙对通风的影响？　　　解答见 P.31
3. 需要增加隔断的情况下，怎么做不影响通风？　解答见 P.31

建筑本身开窗的面积和位置是有限制的，即使采用了一些手段加强窗的通风，如果室内的格局不佳，也会阻挡风的流通，尤其是一些二手老房，空间的阻挡会比较多，如果购买了隔墙多的户型，在跟设计师商讨方案时，可以将一些隔墙打掉，换成推拉门、折叠门或者隔断，使风在室内流动。

此处的隔墙仍然具有分隔空间的作用，但上部分挖空，让客厅的窗和厨房窗直对，不会阻碍空气的对流。

公共区域的面积比较小，保留了客厅和书房之间的墙，将两部分空间与过道之间的隔墙去除，形成了一个大的空间，使餐厅的采光和通风更佳。

减少不良隔墙

1 书房、餐厅可完全开敞

有书房的家庭，可以将书房与过道之间的墙去掉，使其完全敞开，当客厅和书房的窗同时打开时，就大大增加了室内进风的面积。近几年建造的房子餐厅大多是开敞的，可以将厨房与餐厅之间的门换成大面积的推拉门，如果不怕油烟，也可以完全开敞；如果购买的是老房子，可以将餐厅和客厅之间的墙去掉，使空气运动更顺畅。

2 玻璃墙＋门代替隔墙

不方便完全开敞的时候，可以用玻璃墙＋平开式或推拉式单扇门的方式来取代隔墙，可以运用在除了卧室和卫浴间以外的其他空间中。这样做一是可以增加采光，二是可以加强通风，很适合格局不佳的户型。比完全开敞来说，当门闭合的时候，能够隔绝一部分声音，对于人口多的家庭来说比开敞更实用一些。

3 镂空式隔断代替隔墙

在进行居室设计时，有些地方需要去掉隔断，而有些地方反而需要增加隔断，比如很多户型，餐厅和客厅的公共区域都过长，加一个隔断能够让效果看起来更舒适，也能给空间一个区域的划分。为了避免影响通风，隔断可以采用镂空样式的，例如类似博古架样式的镂空木质隔断，或者将隔墙的上部分挖空，下部分摆放一些柜子等也很实用。

4 半隔墙取代整面墙

巧妙地用半隔墙取代一整面的隔墙也是不错的分隔区域的方式，很适合紧凑的小户型，将整面墙打掉，然后重新设计半隔墙，可以用柜子，也可以一面是柜子一面是墙，还可以把隔墙上面放一块木板，做成吧台的样式，这些设计因为高度通常都不会完全遮盖窗子，因此不会阻碍通风。

书房临近卧室的设计方式

如果书房的位置临近卧室，且书房面积比较小，如果书房与卧室之间的墙为非承重墙，可以将其去掉一部分或全部去掉用柜子等有实用性的设计来替代部分墙体，这样做的好处是减少两部分空间之间的实体墙阻隔，增加书房和卧室的通风，使封闭的私密空间"新陈代谢"更快更好。

05 现场木作越少，甲醛量控制效果越好

❓ 难题解疑

1. 柜类家具获得的途径有几种？   解答见 P.32

2. 现场做柜子和系统柜用材有什么区别？   解答见 P.33

3. 为什么说系统柜比较环保？   解答见 P.33

在装修的过程中，总是免不了有甲醛存在的可能性，即使选择了环保的建材，在施工中使用了带有胶黏剂的板材，数量累积到一定程度的时候，甲醛也可能会超标。而甲醛有着超长的挥发时间，因此最好从设计开始，有意识的结合恰当的施工方式，来控制室内的有害物质。每个家庭都少不了收纳性质的家具，例如各种柜子，而它们是甲醛的主要来源之一，首先可以在设计居所时，减少现场木作控制甲醛。

购买的柜子不能满足需求时，需要制作书柜、衣柜等家具时，可以购买系统柜，让品牌设计师到现场测量，而后在厂家完成制作，到家中组装。

当市面上有大小、色彩和款式都很合适的成品家具时，可以查验其证书，各方面都合格的情况下，可以直接购买。

家具类别

●**主要类别。**现在的柜子类家具获得的途径有三种，一种是现场由木工制作也称为木工柜，另一种是定制制作的板式家具也叫作系统柜，还有一种是购买成品。购买的柜子很少能够满足使用需求，但如果采用了欧式古典、美式乡村、中式风格等类似的家居风格时，因为造型复杂，建议购买成品。正常情况下，柜类家具的获得方式，前两种比较常用一些。

●**使用材料。**木工柜的柜体使用细木工板和多层板的情况较多，面层多使用各种木纹饰面板，最后还需要涂刷木器漆，也有少数是直接使用三聚氰胺板制作的；系统柜也是采用定制的形式制作的，能够满足使用需求，由设计师测量现场后，根据业主的需求进行设计，不同的是不在现场施工，在厂家施工最后组装，多使用三聚氰胺板。

●**两者对比。**两种柜子在性能上各有优劣，从环保角度来说，系统柜更好一些，它不需要现场制作避免了粉尘危害，厂家采用热压的方式制作，不需要喷漆的工序，减少了污染源。

项目	系统柜	木工柜
使用板材	三聚氰胺板为主	主要为细木工板或多层板贴饰面板
板材厚度	有多种厚度	有多种厚度
耐潮性	不错	较好
承重力	不错	较好
空间利用率	定制款式可以充分利用空间	可以充分利用空间
造型	造型变化较少	造型较多
甲醛含量	E0 或 E1 等级	人造板胶黏剂易有甲醛、苯
施工时间	短	较长
整洁度	不需现场制作	木屑多、粉尘多

柜子的防潮能力在于封边

虽然耐潮性能方面系统柜不如木工贵，但也不是不能改善的。柜子的防潮能力跟使用板材的类型关系不大，主要看封边的好坏，即使是木工柜如果封边做的不好，防潮能力也会下降，而柜子一旦受潮，就会开始变形。因此，如果所在地区比较潮湿，定制柜子的时候可以跟商家强调一下封边的问题。

06 减少阳台景观设计，从根源杜绝细菌温床

？ 难题解疑

1. 在开敞式阳台上设计一处带山水的景观，对室内环保有影响么？　　解答见 P.34

2. 开敞式阳台怎么摆放花美观又不影响健康？　　解答见 P.35

3. 阳光房怎么设计对家人更好？　　解答见 P.35

在阳台摆放一些植物不仅能够美化环境，还能够让植物吸附一些有害物质，将它们转化成有益的气体，一举两得，所以很多家庭都会这么做。还有的业主更进一步，将阳台开敞并设计一些景观，例如从户外移来一些泥土在室内栽种大量的植物，或者设计一些带有水的景观，放一些鱼、水草取代鱼缸来装饰房间。这样的设计方式，从环保的角度来讲是不提倡的，大部分的阳台阳光都很充足，如果同时有水，再加上清洁不及时就为细菌滋生提供了温床，埋下健康留下隐患。如果必须要做此类设计，建议将阳台用门与室内隔离，并勤做清洁。

类似此种开放式的阳台，如果在上面设计一些需要土和水的景观，会给细菌的滋生提供条件。

设计技巧

1 开敞式阳台放盆花

为开敞式的阳台增加景观，可以使用盆花，用少量的大型盆栽搭配一些小型盆栽，就能够塑造出非常具有层次感的小景观，或者还选择一些漂亮的花架摆放小型植物，例如现在较流行的多肉、具有垂落效果的吊兰等。这样的设计方式比在室内建造"花坛"来说，操作起来更容易、更经济，也更卫生、更容易打理，不容易产生卫生死角。

2 用鱼缸取代水池

在室内设计假山、水池等景观，不仅使室内更潮湿，还容易产生青苔等难以清除的物质，如果空间面积不大，实在没有必要，别墅等大型住宅，可以选取距离卧室较远的位置设计并勤打理。小居所业主若喜欢带有水和鱼的景致，不如跟设计师商讨一下，在合适的位置摆放一个鱼缸。也可以将鱼缸镶嵌到墙壁中。

3 阳光房用推拉门分隔

当住所有比较宽敞的阳光房时，就可能会设计一些小景观并摆放数量较多的植物，有养鱼爱好的人还会摆放数量较多的鱼缸，虽然能够美化环境，但很容易产生一些微生物，夜间植物也会产生二氧化碳。可以用玻璃推拉门、折叠门隔开，需要通风的时候将门打开，通风后关闭。

4 花放在柜子上或固定在墙上

如果家中需要设计一面开敞式的书架或者格子较多的电视柜，可以将花架与它们结合起来做设计，例如书柜阳光充足的一侧设计一列距离少大一些的搁架，摆放一些不需要太多泥土的植物，例如一些小型的水培植物、多肉植物或者一两盆垂吊植物都是不错的景观，还可以吸附室内的有害物质。

07 不做跌级吊顶设计，减轻粉尘污染

？难题解疑

1. 为什么跌级吊顶会增加分成污染？ 解答见 P.36
2. 不做跌级吊顶还可以用那些方式让顶面更美观？ 解答见 P.37
3. 完全不做任何顶面造型就最环保么？ 解答见 P.37

为了美观或者为了利用丁敏的高度差使房间看起来更高，很多业主在进行房屋设计时，会设计一些跌级式的吊顶，并安装一些暗藏灯带让顶面更美观。这种设计方式使吊顶的平面上方会留有部分空间，居住一段时间后，这个部分就会积累一定的灰尘，成为卫生死角，而造成室内粉尘污染，从健康角度来讲，不建议做跌级吊顶设计，特别是家里有人患有过敏性鼻炎的情况下，很容易导致病发。

此类跌级式的吊顶造型，顶面会留有大量空隙，使灰尘逐渐堆积，且不好清理。

最简单而又安全的方式是在墙角使用石膏线或木线条做装饰，而不制作吊顶。

设计技巧 🏠

1 用石膏线装饰顶面

房高较低的空间，可以使用石膏线装饰顶面，既不占用顶面高度又能达到美化的目的。除了角线外，还有很多带有美丽花纹的平线，将它们粘贴在顶面上设计成一些造型，而后再涂刷与顶面相同颜色的乳胶漆，就可以成为一体。角线与平线的花纹配套效果会更整体。

2 高顶面做假藻井

房高较高的空间，可以使用石膏板及石膏线做成假藻井的方式来装饰顶面，这种方式很适合一些具有特点的装饰风格，例如欧式风格、东南亚风格、美式乡村风格等。除了用此种方式外，还可以直接换成实木柱来替代。无论哪种方式，都比做跌级式的吊顶更容易打理，因为没有卫生死角，不易堆积粉尘。

3 块面式或平吊吊顶安装筒灯

有一些情况下，在顶面做吊顶设计是为了增加室内的光照层次，例如安装筒灯，增加点光源。这种情况下，可以做大块面的周边式吊顶，而不留边沿，顶上没有了空隙就不会堆积灰尘。还有一种做法适合房高高的居室，就是把顶面整体下吊，然后可以在任意位置安装筒灯，"满天星"就是这种做法，但是这样做很容易有其他污染。

4 最环保是不做造型

无论是做哪一种顶面造型，都会使用比原顶刷漆多一些的材料，越复杂的造型使用的材料数量也就越多，使用的材料种类多就有增加污染源的危险，所以最环保的做法是不做任何顶面造型，但这种方式比较适合现代风格的居室，如果是欧式等稍复杂一些的风格，就不是特别合适了。

08 巧妙设计柜子，不留卫生死角

? 难题解疑

1. 家中还有什么部位容易堆积粉尘？ 解答见 P.38
2. 我家买了扫地机器人，但是床底扫不到怎么办？ 解答见 P.39
3. 在设计时，可以采取那些方式来避免卫生死角？ 解答见 P.39

　　粉尘、细菌和霉菌主要来源于生活中的堆积，这些有害物质是过敏性疾病的主要病源，若家中有人是过敏体质就需要特别注意。容易打扫的部位通常清扫的会很及时，但还有很多卫生死角难以顾及，它们是堆积这些有害物质的主要部位。跌级吊顶是其中一个大的部位，另一个主要的部位是柜子顶部、底部以及床底，可以在设计时有意识的注意这些问题，减少粉尘和细菌的堆积，尤其是卫浴间的浴柜，环境潮湿很容易产生细菌和霉菌。

　　将柜子的底部抬高一些距离，最少为 10cm，不论是扫帚还是扫地机器人都可以打理。

　　床底是灰尘堆积的另一个主要场所，大部分床都距离地面有一点距离，很少有全部落地式的，很多人都是直接睡在灰尘上方，可以挑选底部抬高的款式，让扫地机器人进去打扫。

设计技巧

1 床及衣柜至少抬高 10cm

如果是木工柜，可以要求对方在制作时，将底部直接悬空，包括隔断柜、鞋柜等，最美观的做法是直接固定在墙上，底部不用支撑完全悬空，还可以加灯光。床通常是购买的，孩子、老人以及有过敏疾病的主人房间中，可以选择床底抬的高一些的款式，方便清理底部。

2 全部封闭不留缝隙

大面积的衣柜或者储物柜还有一种做法可以避免死角，就是将上下部分全部封闭。顶部可以配合天花安装顶角线，底部可以安装踢脚线，完全封闭，不给灰尘留堆积的空间。这种方式适合于木工柜和系统柜，购买的柜子很难满足这个要求。

3 卫浴柜抬高至少 20cm

多数人选择卫浴柜的时候都会选择有不锈钢脚的款式，这样可以隔绝部分潮气，避免柜底直接与地面瓷砖接触。而这种款式通常底部都不会抬高，很难将扫帚伸进去打扫或者角度很费力，浴室柜又通常会靠一边的墙角，长时间后角落就容易滋生细菌或霉菌。如果非常介意死角，可以选直接固定在墙面的款式，底部至少距离地面 20cm，这样就可以非常顺利的进行打扫。

4 其他细节

部分地区的业主在安装橱柜的时候，习惯在上面留一些距离，不会直接与顶面接触，建议不要这样做，厨房油烟比较大，这部分除了容易积累粉尘外还容易形成厚的油烟层，非常不卫生，直接到顶不容易有卫生死角。除此之外，选择一些书柜、酒柜等类似家具时，高度不建议特别高，这样顶部可以即使打扫，如果过高而又不到顶就很难经常清扫。

09 室内设计红砖墙，环保又个性

？难题解疑

1. 我家需要砖砌隔墙，表面不做涂装环保么？ 解答见 P.40
2. 没有砌筑的砖墙又想要有砖墙效果，可以用什么材料代替？ 解答见 P.41
3. 红砖墙的设计方式适合所有人群么？ 解答见 P.41

　　有时候在改变室内格局的时候需要用砖来砌墙，这面墙后期要刷漆还需要进行很多工序，不如将它做成乡村风，不需要处理的太平整，有些凹凸感最好，也不用抹水泥，直接处理一下不要有容易积累灰尘的孔洞，而后涂刷白色涂料即可，这样既有非常个性的装饰效果，又因为不用使用腻子而减少了部分污染源，很适合北欧、简约风格的居室。如果是中式、乡村等风格的居室，就可以裸露红砖的本色，增添古朴的感觉。除此之外，还可以使用环保性高的文化石，制造假砖墙或者毛石墙。

　　用红砖制作的吧台隔墙，直接刷了白色的涂料，保留了砖墙表面凹凸不平的质感，非常具有休闲感。

　　没有砖墙想要塑造砖墙的古朴感，可以在室内墙面上粘贴仿砖石的文化石，文化石是一种绿色环保材料。

设计技巧

1 红砖刷白色涂料或墙漆

此种设计方式很适合用在沙发墙或者过道、餐厅等墙面上，需要注意的是，砖墙的孔隙太大，直接刷乳胶漆一是浪费原料，二是有浮灰影响漆膜效果。所以在做表面涂装之前建议先刷一遍墙固或者基膜，之后再做两道面漆就可以了。依照房间用途选择低成本的涂料或者贵一点的乳胶漆。这种方式完全可以 DIY，需要注意的是，因为表面比较粗糙所以容易落灰，要勤打扫。

2 文化石代替砖墙

乡村、田园风格的居室中，如果想要塑造一面砖墙的效果而不方便使用建筑原墙的时候，可以用仿砖石效果的文化石来替代，此类文化石是采用水泥砂浆来粘贴的，比起腻子中的胶类更环保，无机建材中的有害物含量少且易挥发，而胶类中的甲醛挥发时间却非常长，所以这是一种既有装饰效果又很环保的设计方式。

3 裸露红砖本色

室内墙面直接裸露红砖清水墙，能够给人一种非常复古、时尚的感觉，具有文艺气息，此种设计方式源于扬州传统民居，也叫乱砖清水墙，除了红砖还可以用青砖。砖上不需要做任何漆类的涂装，只需要将砖的表面用刨子刨平，棱角去掉，保留砖和水泥勾缝的本色，很适合做主题墙，但不是很适合在卧室使用。

此类方式不适合过敏体质

以上几种做法从施工及选材上来说都非常环保，但表面都会很粗糙，比起光滑类的墙面来说，粗糙的墙面更容易落粉尘，如果打扫不及时，对于过敏体质的人来说，换季的时候很容易引发过敏，所以如果家中有人有类似疾病，就不适合采用这种墙面设计方式。

10 减少灯具用量，避免居所光污染

? 难题解疑

1. 什么是光污染，对人体有什么危害？　　　　　　　　　解答见 P.42

2. 家居光污染的主要来源是什么？　　　　　　　　　　解答见 P.42

3. 怎么设计灯光可以避免光污染？　　　　　　　　　　解答见 P.43

　　光污染是一种新的污染源，主要包括白亮污染、人工白昼污染和彩光污染。光污染正在威胁着人们的健康。在外界环境中，人们常见的光污染的状况多为由镜面建筑反光所导致的行人和司机的眩晕感，在居室内，光污染多由夜晚不合理的灯光导致，过多的灯光或色彩不恰当的灯光能够给人体造成的不适感。在实际设计中，很少会有人关注光污染，一味的追求灯光的效果，很容易造成光污染。

　　室内灯具数量过多时，很容易造成光污染，让人感觉晕眩、不适。

　　减少灯具的种类、加大灯具之间的距离以及减少高亮度灯具的使用，是避免光害的有效办法。

设计技巧

① 减少荧光灯的使用数量

荧光灯的频繁闪烁会迫使瞳孔频繁缩放，造成眼部疲劳。如果长时间受强光刺激，会导致视网膜水肿、模糊，严重的会破坏视网膜上的感光细胞，甚至使视力受到影响。光照越强，时间越长，对眼睛的刺激就越大。在进行灯光设计的时候，尽量减少荧光灯的使用，避免频闪刺激，如果要使用荧光灯，也应避免使用高照度类型。

② 少使用彩色光

彩色光源让人眼花缭乱，不仅对眼睛不利，而且干扰大脑中枢神经，使人感到头晕目眩，出现恶心呕吐、失眠等症状。科学家最新研究表明，彩光污染不仅有损人的生理功能，还会影响心理健康。有些业主为了追求另类的装饰效果，会采用彩色光源装饰居室，很容易造成光污染，特别是红色、粉色等灯光，容易让人心理失衡。彩色光中除了淡黄色和淡蓝色不建议大量使用其他色彩。

③ 餐厅和客厅灯亮度可高一些

客厅是家居中的主要活动区域，灯光需要明亮一些，还需要一点调节氛围的灯具，数量可稍多一些，如果客厅面积不大，不建议使用暗藏灯槽，一个主灯搭配几盏筒灯或者再加上台灯或落地灯就足够。餐厅可使用吊顶在餐桌上方，再搭配几盏筒灯，如果计划使用玻璃墙灯光不需要太过明亮，通过镜面反射就容易让人感觉晕眩。

④ 卧室和书房灯具以实用为主

如卧室和书房这类空间，灯光设计以实用为主，能够避免光源污染和能源的浪费。局部性的灯光是必要的，例如台灯，便于阅读。主灯可以起到整体照明的目的，可以实用吊灯、吸顶灯，甚至还可以完用筒灯代替。暗藏灯槽如果一定要有，尽量减少数量，并使用柔和的色彩，避免使用彩色。

11 远离辐射危害，可以这样设计

　　科技发展越来越快，各种电器和智能手机也层出不穷，关于电磁辐射的问题也引起了人们的重视，具欧洲研究，电磁波可能会导致幼儿罹患血癌，是家中的另一类危害，相较于基地台电磁波来说，平日使用的手机反而强度更大，实际上电磁波辐射是可以避免的，它会随着距离而递减，在进行家居设计的时候可以有意识的关注这方面的问题。家居辐射的另一个源头是材料的辐射，例如各种石材或多或少都含有天然放射物质，实际上只要是达标的石材都不会对人体造成危害，也可以通过设计方法来减轻辐射。

室内灯具数量过多时，很容易造成光污染，让人感觉晕眩、不适。

减少灯具的种类、加大灯具之间的距离以及减少高亮度灯具的使用，是避免光害的有效办法。

设计技巧 🏠

1 厨房电器注意距离

正常情况下，电器距离人体超过 1cm 以上，电磁波基本就不会对人体产生影响。对于电磁比较严重的微波炉、冰箱、烤箱等电器，在进行橱柜设计的时候，可以使其距离炒菜的操作区稍远一些。

2 近距离使用的电器注意类型

还有一些需要近距离使用的电器，在使用时需要注意其材料，有些材料就需要注意电磁辐射的问题，或者不要购买此类产品。以电暖气为例，叶片式的电暖气基本没有超标的问题，而卤素灯和石英管式的电暖气也在安全范围内，最危险的陶瓷式电暖气，需要格外注意使用距离。还有人们经常不离身的手机，在充电或摆放的时候建议远离婴幼儿，晚间建议放在距离人稍远一些的位置上。

3 花岗岩、大理石避免用作橱柜台面

天然石材中含有辐射导致很多人闻石材而色变。实际上，达标的石材中的辐射对人体基本没有危害。以美国环保署为例，其建议为："氡活度改善标准为 150 贝克 /m^3"，而根据专业机构的检测，居住空间内氡的平均活度为 10 贝克 /m^3，使用花岗岩时鱼尾 14 ~48 贝克 /m^3，仍然远离其标准范围。如果担心此类问题，可避免将此类材料作为橱柜台面使用。

建筑材料也有辐射但含量小

使用不同的无机建材也会有一些辐射，但质量达标的建材辐射非常小，据联合国原子辐射委员会报告，世界各国室内辐射计量率平均为 0.08 微西弗 / h，变动范围在 0.01 ~2.1 微西弗 / h。一般而言，建筑材料中的放射性物质排行为混凝土＞砖＞木材，还有被广泛所知的含有放射物质的天然石材，在使用合格产品的情况下，其辐射值并不会对人体健康造成危害。

12 水路设计要重视，避免家居水污染

？ 难题解疑

　　水路是家装中的隐蔽工程，人的生活离不开水源，所以家庭水路工程不仅关系到生活中的安全还关系到健康。现在还有很多业主不重视水路改造这一个部分，对于工程中的一些规范也不够了解，这样很可能会导致水源受到污染而影响健康。水路设计主要是给水路线的设计，如果生活用水和污水的距离过近就会容易受污染，还有材料的检验，给水主要是靠管道运输的，如果使用管道的材料不佳或者不合格就会危害健康。

　　水路设计的重点之一是路线的设计，好的路线可以避免水源受到污染，保证饮水健康。

　　除了避免饮水与污水交叉外，还需要保证饮水管道的质量。

水路设计

1 走顶走墙不走地、远离污水管

厨房和卫浴间是主要的用水空间，管道比较多，在设计管路走向的时候，最佳路线是从顶部走主线，到达出水口的位置后，竖向从墙面走管到达出水口位置。现在绝大多数的家庭都会同时使用冷、热管道，而厨房和卫浴间的地面都要铺砖，水泥经常接受热胀冷缩容易导致起鼓，水管在地面经常收到踩踏也容易发生爆裂的情况，地面维修困难，所以顶面和墙面走管结合的安全性更高。还应注意的是，生活饮用水应尽量远离排污管道，避免发生渗漏而造成污染。

2 根据旧管道选择新管道类型

现在的家庭水路改造工程使用的给水管主要有三种类型：铜水管、PPR 水管和 PXE 水管和铝塑复合水管。很多业主在选择水管的时候都很犹豫，不知道选哪一种比较好，选水管首先要看开发商使用的是什么材料的水管，如果使用的是 PPR 水管那么就要用同材质的水管，否则没有办法完成连接。

3 避免水污染管道质量要注意面

管道的质量关系着饮水的质量，不论哪一种管道，首先应注意是否有合格证，厂家信息是否齐全，如果此类信息不全，多数为不合格产品。确定为合格产品后，再挑选外观，好的管道应光滑没有任何瑕疵，特别是内壁，如果粗糙会加大水流的阻力；塑料管道类的原料都为环保产品应没有异味，燃烧后没有黑烟，有韧性、用手捏有微弱的弹力，白颜色的管道颜色柔和不刺眼。

4 水管材质的比较

能够自由选择的情况下，PPR 水管是使用较多的一种，其性价比最高、施工简单、连接方便，使用热熔连接如果操作规范不容易渗漏；铜水管的价格比较贵，需要用焊接的方式连接，不适合潮湿的环境，但自身能够杀菌，属于高档水管；PEX 水管就是绞联聚乙烯管，是很环保的材料，但连接处随着热胀冷缩容易出现渗漏现象；铝塑复合管管体很软，可以成盘，采用压接方式连接，因为内外材质不同膨胀率从不同，所以与 PEX 水管一样，容易出现漏水现象。

水管材质	保温	卫生	结垢	耐腐蚀	寿命	安装	价格	节能
PPR 水管	佳	佳	无	佳	50 年	简单	一般	佳
铜水管	差	佳	会	佳	80 年	复杂	昂贵	差
PEX 水管	佳	佳	无	佳	50 年	简单	一般	佳
铝塑复合管	佳	佳	无	佳	50 年	简单	高	佳

净水设计

1 全户型滤水器安装在总入水口

随着空气和水污染的不断加重，越来越多的家庭开始使用净水设备，家居用水不仅只是在饮用水上需要特别注意，沐浴、日常用品的清洗都不可以轻视。没有办法从源头上改善，可以在家中使用全户型净水器，来改善家里的水质，这种净水器可以改善全屋的水质。需要注意的是这种净水器的最佳安装位置是总进水管处，这个位置才能起到过滤全屋用水的作用。

2 全户型滤水器 + 净水器

全户型滤水器只能起到过滤杂质的作用，例如泥沙、铁屑、氯离子等，但是没有办法过滤其他有害的化学物质，所以如果是饮用的水，建议同时加装一个净水器，最简答的做法是加一个龙头型的净水器，可以直接用在厨房的饮用水管上。

3 厨下型净水器

如果因为地域或者楼房限制没有办法两种净水设备都安装，可以安装最近销售很火爆的厨下型净水器，这种净水器直接安装在厨房水盆下方的柜子中，有专门的龙头出水，水质净化的非常彻底，可以直接饮用，方便又经济。

滤芯需要经常更换

如果家中使用了净水设备，需要注意的是一定要按照说明书要求经常更换滤芯，滤芯是净水器主要起到净水作用的部件，它会吸收非常多的杂质，如果长时间不更换，反而会加重水污染，带来相反的效果。不同地区的水质不同，滤芯的有效期也有所区别，如果当地的水杂质特别多，应缩短更换的时间。

建材要无毒

看认证辨质量，
令毒气不进门

01 购买场所要注意，专卖、卖场最安全

？ 难题解疑

1. 什么类型的材料适合在集散地买？　　　　　解答见 P.50

2. 在卖场和专卖店购买材料有什么好处？　　　解答见 P.51

3. 我是新手，去集散地买材料合适么？　　　　解答见 P.51

　　装饰材料是室内污染的主要来源之一，因此在选购材料的时候建议将环保性能放在首位，而后再考虑装饰效果等问题。选购家居装修材料的途径主要有三种：大卖场、专卖店和集散地。有一些材料适合在集散地购买，例如瓷砖，像墙漆、壁纸等对质量要求较高的材料建议在专卖店和卖场购买。

　　以立邦专卖店为例，牌子上都会有授权编号，可以查证真伪，所以在专卖店购买品牌漆就不容易买到假货。

　　大型的卖场基本上会集合各类主材和家具，通常会对品牌资质进行审核再准入，品质较有保证。

选购技巧

1 选售后服务好的卖场

选取信誉度较高或售后服务较好的卖场，尤其是售后服务的好坏非常重要，好的卖场能够负责任，在商家入住前就会对其资格进行审核，保证产品的总体质量，一旦发现假冒产品能够出面为消费者纠纷，保证材料的质量，购买起来没有后顾之忧。关于卖场服务的好坏可以询问身边的朋友或汇集网友的经验作为参考。

2 选品牌产品

无论采购什么类型的材料，都建议选择品牌产品，宁愿原则大品牌里面的低档产品，也不选择小品牌里面的高档产品，大品牌通常都是存在很多年的，有着丰富的生产和销售经验，能够保证售后服务和产品质量。以乳胶漆为例，知名品牌在卖场内都会有专门的销售门店，代理商都有一系列证明文件，销售的都是同一品牌的产品，不会有其他牌子，这种就非常可靠。假冒的乳胶漆有的时候防不胜防，如果在小门店购买就很容易遇到，使用后有害物会严重超标。

3 想去集散地买墙漆、壁纸要懂行

集散地是指大型的材料集市，品牌比较杂，货品较多，通常从建材到装修材料都有。此类场所适合对购买装修材料非常懂行的业主或者请专业人士陪同。没有经验的人不建议去购买，此类场所一个品牌的漆可能会出现几种价格，管理者对品牌的审核也不严格，碰到假货的几率比较高。

4 瓷砖可在集散地购买

在大型的卖场里面可以发现一个现象，一个款式的瓷砖这个牌子有那个牌子也可能会有，而知名品牌和一般品牌的同花纹砖差价就会很明显，集散地价格可能会更低。瓷砖是一种很环保的材料，通常来说环保性不会差太多，如果不介意品质的细微差距，或者自己有鉴定品质的经验，去集散地购买是不错的省钱方式。

建筑材料的品质不要忽略

贴瓷砖少不了水泥砂浆，此类的建筑材料人们很少会关注质量，都是到店里随便拿一袋就走。实际上，水泥、砂子的好坏不仅关系到贴砖的效果还跟环保性有关，虽然无机建材中的有害物挥发很快，但从源头上污染源越少还是越好控制整体。以水泥为例，应选择具有质量认证且生产日期不超过 3 个月的产品，质量更有保证。

02 选建材要看认证标志，从根杜绝毒物

❓ 难题解疑

1. 绿色建材的概念是什么？   解答见 P.52

2. 产品认证证书上是有有效期的么？   解答见 P.52

3. 绿色建材认证都有哪些比较权威？   解答见 P.53

    绿色建材，又称生态建材、环保建材和健康建材，指健康型、环保型、安全型的建筑材料，在国际上也称为"健康建材"或"环保建材"，绿色建材不是指单独的建材产品，而是对建材"健康、环保、安全"品性的评价。为什么要购买绿色建材呢？假设一个人每天要呼吸 10kg 的空气，若每天呼吸的空气中都收到了有害物的污染，对于健康危害之大就不难看出来。使用绿色建材能够控制家居中有害物的含量，使居住环境更环保。对于绿色建材国家有明确的标准，合格的产品有绿色认证，可以凭借认证选购。

此标志为中国环保产品认证标志，经过认证合格后产品可使用此标志。

此处会有认证标准，以及证书的有效期。

类别介绍 🔥

1 中国环保产品认证

此证书由中国质量认证中心颁发，证书上方会有认证标志，其上有产品的各种信息以及认证检验标准和证书的有效期。如果购买的产品带有此标志，可以对商品信息以及有效期进行核查。

2 中国环境产品标志

环境标志是标在产品包装上的标签，表明该产品不仅质量合格，且在生产、使用和处理处置过程中符合环境保护要求，与同类产品相比，具有低毒少害、节约资源等优势。由国家环保局检测，属于权威认证。

3 中国环保建材标志

颁发机构是"国家建筑材料测试中心"，由中国建材市场协会认证，有效期限为两年。申请此标志的产品必须符合国家检验标准并经过 ISO9001 质量管理体系或 ISO14001 环境管理体系认证。

4 防火环保标志

与中国环境产品标志一样，属于权威型认证。建材防火环保标志采用高频次抽检方式进行检验，如果发现不合格产品，会立即取消其标志的使用权。对于一些需要防火等级的建材，需要特别注意这个标志，有此标志证明该产品不仅达到环保标志而且也达到了防火要求。

众多标志的辨别

随着"绿色建材"概念不断的深入人心，越来越多的绿色建材标志层出不穷。其中中国环境产品标志、防火环保标志和绿色建材产品证书属于权威型的标志，由国家机关颁发，若商家注重这方面的宣传，可询问其环保认证标志的种类，有三种中的任何一种都比较稳妥。

03 应该了解的，家居环保材料的种类

　　家居装修时用的材料种类很多，有一些常见材料也有很多新型材料，将所有的材料以环保作为分类的出发点可以分为三个大的种类：基本无毒无害型、低毒、低排放型和未知型。其中无毒无害型的使用数量可以多一些，低毒、低排放和未知型要控制用量，使用的多有超标的危险。

乳胶漆为未知型环保材料

壁纸为低毒、低排放型环保材料

实木板为基本无毒无害型环保材料

环保材料类别

1 基本无毒无害型

基本无毒类型的建材指的是天然类的材料，本身没有或极少有毒有害的物质、未经污染只进行了简单加工的装饰材料，包括石膏、砂石、实木板材、天然材料编壁纸以及某些天然石材等。

2 低毒、低排放型

低毒、低排放型建材是指经过加工、合成等技术手段来控制有毒、有害物质的积聚和缓慢释放、因其毒性轻微、对人类健康不构成危险的装饰材料。如甲醛释放量较低、达到国家标准的大芯板、胶合板、纤维板等。

3 未知型

未知型环保材料是指，目前的科学技术和检测手段无法确定和评估其毒害物质影响的材料。如环保型乳胶漆、环保型油漆等化学合成材料。这些材料在目前是无毒无害的，但随着科学技术的发展，将来可能会有重新认定的可能。

搭配技巧

1 无毒型为主

通常来说无毒型材料中的主要建材大多数价格都比较高，例如实木板材。同样为木地板实木地板就比复合地板的价格要高很多，如果资金充足且选择了复古或华丽的风格，可以选择以此类材料为主，搭配一些低毒型材料，更容易控制室内有害物的含量。

2 低毒型 + 未知型为主

这种搭配方式比较经济，适合各种家居风格，但要注意这两类材料的用量，特别是一些大户型，因为材料的使用量比较多，很容易超标，就可以将部分低毒型替换为无毒型。

04 各种边角线条，也应给予重视

？难题解疑

1. 边角线类的材料也需要注意环保性能么？　　　　　解答见 P.56

2. 边角线可以分为几个种类，每种有什么特点？　　　解答见 P.57

3. 如何选购边角线条类的材料？　　　　　　　　　　解答见 P.57

　　关于选用绿色建材的方面，大块面的、重点的部分多数人都非常重视，而一些小的部件就很容易被忽略。防甲醛除了选用低甲醛的板材外，更不能忽略隐藏起来的边角、线条。

　　有一些业主会选择自己做门，全屋的门算下来门套线的数量不少，建议在挑选门套线的时候应特别注意其环保性。

　　制作柜子也需要大量的边角线，它们通常会隐藏在表面看不到的地方，但数量也不小。

类别介绍

1 天然边角线

天然类别的边角线取自于原木，最常用的是柳桉木，此类边角线的优点是纹理自然、美观，材料本身属于无毒型。但由于是由实木制成的，如果木料没有干燥完全，很容易因为热胀冷缩而引起扭曲、变形，还需要注意其是否进行过防腐处理，如果经过了防腐处理后，是否还符合环保建材规定。

2 人造边角线

人造边角线分为集成型和 PVC 两种。集成型边角线多是以白杨木多层密集制成的，这种制作方式需要使用大量的胶黏剂，所以甲醛含量不低，还会含有苯系物；PVC 边角线是使用回收的高密度聚氯乙烯加入木屑等材料挤压而成，环保、无毒，没有甲醛问题。

PVC 边角线的缺点

与天然边角线相比较，PVC 边角线材纹理比较单调，且硬度较高，打钉、打磨都需要多一些的时间。可以与天然类边角线混合使用，将 PVC 型用在对硬度和防潮系数需求较高的地方。

选购技巧

1 选证件全的产品

选择合格证、标签、电脑条码齐全的产品，并向经销商索取检验报告。

2 天然类型注意含水率

实木边角线含水率必须达到 11%～12%，比较不容易开裂、变形。此类边角材料分为未上漆和上漆两种，选购未上漆产品时应看整根木线是否光洁、平实，是否有节子、开裂、腐朽、虫眼等现象。选购上漆产品时，可以从背面辨别木质毛刺多少，仔细观察漆面的光洁度，上漆是否均匀，色度是否统一，有否色差、变色等现象。

3 注意季节

购买天然边角线时也要注意季节的变化。夏季时尽量不要在下雨或雨后一两天内购买；冬季时产品在室温下会脱水，收缩变形，购买时尺寸要略宽于所需宽度。

05 多用自然类材料，家居更安全

❓ 难题解疑

1. 自然类材料具体指那些种类？　　　　　　　　解答见 P.58
2. 天然材料涂料包括什么？　　　　　　　　　　解答见 P.60
3. 如何选购自然类材料？　　　　　　　　　　　解答见 P.61

　　基本无毒害型材料指的就是自然类的材料，在家庭装修的时候较多的使用此类材料，能够更好地控制室内的有害物含量，让家居生活的安全性更高，虽然有一些自然类材料在施工的时候比较麻烦，但同样的，后期的晾晒时间会大大的缩短，且减少了发散期超长的甲醛的含量，整体比较来说健康的价值更高。

　　顶面的实木板以及墙面上的天然石板都属于自然类材料，占据的面积都比较大，就减少了其他类型材料的使用量。

　　此处使用了青石板，替代了部分低毒型或未知型建材，兼具了装饰效果和环保性。

类别介绍

1 实木板材

将原木裁切成各种形状形成的材料，不经过复杂的加工步骤，裁切、打磨后做好表面保护后就投入使用，没有统一的规格，坚固耐用、纹路自然，大都具有天然木材特有的芳香，具有较好的吸湿性和透气性，有益于人体健康，是最为环保的材料。可用于制作家具及用作墙面装饰，因为树木的减少，很多树种难以成规模使用，较多使用的实木为松木、柳桉木等常见树种，且不是所有的树种都适合作为装饰板使用。

2 天然木皮

由于实木非常难得，演变出了一种新的材料——木皮。木皮是将实木通过加工变的非常薄，而后将其粘贴在各种人造板上，使各种家具、板材有了实木板的装饰效果，但价格却低很多，非常经济。木皮本身属于环保材料，但需要用胶粘贴，其中可能会含有有害物质。常见的木皮种类有：柚木、水曲柳、桦木、花梨木、影木、樱桃木、胡桃木等。

3 大理石

天然大理石种类繁多，纹路和色泽浑然天成、层次丰富，有微弱的放射性，但不会对人体造成影响，适合多种家居风格。大理石的硬度虽然只有 3，但不易受到磨损，在家居空间中适合用在墙面、地面、台面等处做装饰，若应用面积大还可拼花。

4 花岗岩

花岗岩是一种岩浆在地表以下凝结形成的火成岩，主要成分是长石和石英。其硬度高于大理石，但纹理变化较少主要以颗粒状花纹为主，耐磨损、具有良好的抗水、抗酸碱和抗压性、不易风化，颜色美观，吸水性低，外观色泽可保持百年以上，家居中可用于地面、墙面和台面。

5 天然板岩

板岩是具有板状结构，基本没有重结晶的岩石，是一种变质岩，原岩为泥质、粉质或中性凝灰岩，沿板理方向可以剥成薄片，板岩的颜色随其所含的杂质不同而变化。可做墙面或地板材料，与大理石和花岗岩比较，不需要特别的护理。

6 砂岩

砂岩是一种天然形成的沉积岩，主要由砂粒胶结而成的，其中砂粒含量要大于 50%，多成米黄色。具有无污染、无辐射、无反光、不风化、不变色、吸热等特点，家居中主要用于墙面装饰或做成砂岩雕塑、构建使用。

7 竹材

竹材在南方运用的比较多，它具有非常好的韧性，其缩率低于木材，弦向干缩率最大，径向次之，纵向最小；顺纹抗拉强度较高，平均约为木材的 2 倍，单位重量的抗拉强度约为钢材的 3~4 倍，顺纹抗剪强度低于木材。竹材在家居中的主要运用形式为竹地板，也可作为墙面装饰。

8 天然编织壁纸

天然编织壁纸是指以天然类材质为主材，通过编织方式加工而成的壁纸，包括草编壁纸、麻墙纸、纱稠墙布等，此类壁纸具有保湿、驱虫、保健等多种功能。属于壁纸中较高级的品种，彻底杜绝了影响健康的不良因素，具有色泽高雅、质地柔和的特点，所以被视为安全性最高的壁纸，素有"会呼吸的壁纸"之称。

9 石膏类材料

石膏的煅烧温度在 140℃ 左右，生产过程非常节能，还可以循环利用，是绿色又节能的材料。石膏制品具有质量轻、强度高、防火、隔热、防潮、吸声、表面光滑而细腻、装饰效果好等特点。在家居装修中轻加工的石膏材料有平面石膏板、立体石膏板和石膏线条等。

10 天然材料涂料

近年来出现了一些天然材料为主的涂料，例如甲壳素涂料、硅藻泥涂料、蛋白胶涂料等，这些涂料材料本身都非常环保，且具有传统涂料没有的吸附甲醛的作用，因为原材料的限制，装饰效果没有化学涂料的效果好。

选购技巧

1 实木材料

实木板的含水率很重要，特别是干燥的地区，如果买到了水分含量大的板材很容易因为天气原因导致开裂，含水率合适经过处理的实木板经久耐用，有的甚至可传承多年。实木板和木皮都需要注意表面，有无明显的黑色结疤和明显的缺陷，抚摸感觉手感是否光滑，纹理是否自然、顺畅。

2 天然石材

首先挑选一下外观，天然石材缺陷是难免的，但太大的缺陷就会影响效果；而后看色调，挑选色差较小、纹理美观的。大理石需要检查光亮度，大理石板材表面光泽度的高低会极大影响装饰效果，一般来说优质大理石板材的抛光面应具有镜面一样的光泽，能清晰地映出景物。测试吸水率，在石材的背面滴一滴墨水，如墨水很快四处分散浸出，即表示石材内部颗粒较松，质量较差。

3 竹材

家居中使用较多的竹材是竹地板，选购竹地板先看面漆上有无气泡，是否清新亮丽，竹节是否太黑，表面有无胶线，然后看四周有无裂缝，有无批灰痕迹，是否干净整洁，再就是看背面有无竹青竹黄剩余，是否干净整洁。

4 天然编织壁纸

选购编织类的壁纸首先查看外观，纹路是否清晰、表面有无脱落、有无明显的色差及其他缺陷；而后近距离感受一下，闻墙纸表面是否有异味，因为编制类壁纸能够吸湿，如果保存不当容易受潮，如果有异味就不建议购买。

5 石膏类材料

购买石膏类的材料，表面的光洁度是很重要的检验项目，可以用手触摸并仔细观察，此类材料通常不会再进行打磨而是直接进行表面的涂装，如果不够光滑会影响效果；厚度也是衡量其质量的一个标准，凝胶类材料需要有一定的厚度并且要均匀才能够结实、耐用；浮雕类石膏产品花纹要有一定的深度，一般为1cm以上，且做工精细，这样才能够在涂装过后有立体感。

06 废物大利用，二手建材毒物少

❓ 难题解疑

1. 使用二手建材有什么好处？　　　　　　　解答见 P.62

2. 二手建材的来源有几种方式？　　　　　　解答见 P.63

3. 购买二手建材有什么技巧？　　　　　　　解答见 P.63

　　由于甲醛的发散期可以长达十几年，而即使是达标的建材完全不含甲醛的却是非常的少，即使是旧房子只要重新进行了一次装修，甲醛也会重新产生。但如果将之前的旧物、旧材料利用起来或者去二手市场购买一些能够利用的二手建材，就可以使新房更环保，还能够为环境环保做贡献。二手建材的时间都比较长久，甲醛已经发散的差不多或者完全散发干净，比新的建材更安全。

　　实木大板购买回来可以简单的处理一下作为各种桌面。

　　墙面使用二手实木板材拼接，比起使用全新的木饰面板更环保、更安全。

类别介绍

1 利用家中旧物

在进行新居装修的时候，之前使用的家具先不要急于处理，若有质量不错的可以在选购新家具的时候有意识的搭配起来，成组的沙发与新家风格不合适可以保留单人沙发，或者给皮质沙发做一个布套变成布艺沙发等，既节省资金又环保，很适合年轻人。一些木质家具的柜体及门板也可以进行二次利用，如果有实木地板可以将其处理一下用来装饰墙面。

2 购买建材

之前的家具完全无法利用，家中还有老人和孩子，这种情况就比较建议去二手市场选购一些能够利用的建材，对家人健康更有利。购买前应先确定下来的有：居室的风格和使用材料的种类、颜色，而后根据这些有意识的选择一些可用的材料。

旧家新装或二手房可利用的

除了利用和购买二手建材外，如果是旧家新装或者买的是二手房，房子中有些部分可以不用砸除，例如若原房使用的地面是瓷砖，且平整度很高，新房就可以使用木地板，直接铺在地砖上，有些地板就可以不需要在底层垫衬板了，衬板也是污染的一个来源之一。

选购技巧

1 首选实木建材

挑选旧的建材，首先应关注的是实木类的建材，特别是各种家具。有一些实木制作的老家具可以通过刷漆、做旧的方式使其更复合家中的风格，这样的老家具很适合一些具有历史感的风格和田园风格。除此之外，还可以加工成其他的构建，例如楼梯等，是二手建材中最实用的一种。

2 根据需要选类型

如果家中木作比较多，可以根据木作的类型来选择一些二手建材，比如衣柜或小的柜子，框架部分就可以利用二手实木及夹板材料来制作；桌面适合选择大板块的实木，最个性的做法是不做处理，清理一下就使用，露处其斑驳的痕迹。

07 轻隔墙，用陶粒墙替代常规板材

? 难题解疑

1. 用陶粒墙代替传统隔墙的意义是什么？ 解答见 P.64

2. 陶粒隔墙材料有几个品种？ 解答见 P.65

3. 陶粒隔墙材料的优点是什么？ 解答见 P.65

在进行家居格局改造时，砸除和重建是最常用的方法。重建的部分比较多的是建造隔墙，现在隔墙大部分的工法是用龙骨为骨架外层用石膏板或者木板，这种做法有个缺点就是隔声效果不佳。用轻质、环保的陶粒墙作为代替性材料做隔墙是一种环保而又隔声的做法。

陶粒隔墙板，质轻、硬度高、隔声效果好，环保性能佳，可以取代常规隔墙板材料。

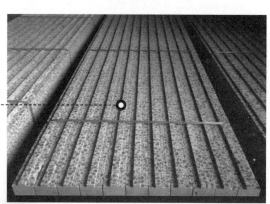

陶粒原料，没有甲醛，泡在水中也不会变质。

类别介绍

1 陶粒隔墙板

板材形式的陶粒材料，厚度比较薄，可以替代隔墙板材，例如石膏板隔墙外部的石膏板换成陶粒板。施工简单，可用于任何部位，非常环保，原料本身没有有害物质。

2 陶粒砖

比陶粒板要厚很多，中间是空心的，外形是方形的。宽度约为 60~70cm，高度约 240cm，可以替代红砖，直接砌筑隔墙，不需要其他骨架辅助。

产品功效

1 质轻、硬度高

比红砖轻很多，不会为建筑楼板增加负担，卫浴间也可以无忧使用。

2 防潮性、握钉力能佳

即使在空气比较潮湿的时候，也不会产生水泥出现返潮现象，可用膨胀螺栓悬挂重物，钉子可以直接钉在上面，握钉能力强，可耐重、可穿管，卫浴间也同样适用。

3 隔声、隔热、耐火性好

隔声、隔热、耐火性佳，它的最终水化产物是二水硫酸钙（$CaSO_4 \cdot 2H_2O$），遇到火灾时，只有等其中的两个结晶水全部分解完毕后，温度才能从其分解温度 1400℃的基础上继续上升，分解过程中产生的大量水蒸气幕对火焰的蔓延还起着阻隔的作用。

4 具有舒适感

陶粒轻质隔墙板具有与木材相近的导热系数，使人感觉非常舒适。

5 施工速度快

施工效率高，一般初终凝时间在 6~30min 之间，与水泥制品相比，凝结硬化快。

6 节能、环保

节能、节材、可利废、可回收利用、卫生、不污染环境。

08 高温压制的底板材料，甲醛含量低

❓ 难题解疑

1. 我们常用的几种底板材料，甲醛含量的排序是怎样的？ 解答见 P.66
2. 底板有多少种类，每种底板有什么特点？ 解答见 P.67、68
3. 怎么挑选好质量的板材？ 解答见 P.69

　　木作工程的需要用底板，底板通常都是人造板，而不是实木板材。现在常用的底板有夹板、木芯板、密集板、塑合板和实木指接板。前四类板材在制作工程中都需要加胶，但采用高温高压加工的类型甲醛会挥发大部分，相较之下比较安全。最后一种采用拼接方式制作，更环保。按照甲醛的含量来比较为塑合板＞密集板＞夹板＞木芯板＞实木指接板。

　　柜体的主要构成部分是底板，有些板材虽然自带装饰面层，例如科定板，但内部结构仍然属于四大类底板材料之一。

　　木作工程中使用较多的细木工板，就属于木芯板类别，合格的产品甲醛含量在板材中属于高等。

类别介绍

1 塑合板

塑合板是由欧洲引进的产品，是由橡木、榉木等数种木材碎裂成木屑后，加上胶合剂，再用模具以高压高温制造而成，表面再压合一层薄薄的美耐板，多作为系统柜板材的基材。优点是平整厚薄一致，防水、防火、耐磨，缺点是抗潮性较低。

2 密度板

密度板是以木屑、木颗粒或木质纤维加入脲醛树脂或胶粘剂制成的人造板材。此类板材质软、耐冲击，也容易再加工，比较多的被运用在家具制造上。常用的此类板材包括密度板（纤维板）、刨花板（颗粒板）等，其中密度板分为低密度、中密度和高密度，中密度产品最常用。

3 夹板

夹板是用一层层的薄木片加胶堆叠压制而成的，双面再贴装饰纹理和材质好的面层，并切割成一定规格的装饰用板材。中间部分使用的木片品种不一定相同，容重轻、强度高、纹理美观，它能弥补天然木材自然产生的一些缺陷如节子、幅面小、变形、纵横力学差异性大等缺点。常用的夹板有实木多层板、胶合板等。

4 木芯板

木芯板是最具代表性的就是细木工板，俗称大芯板、木芯板、木工板。由三层组成，中间木板是由优质天然的木板方经热处理（即烘干室烘干）以后，加工成一定规格的木条，由拼板机拼接而成。之后两面各覆盖两层单板，再经冷、热压机胶压后制成，它质轻、易加工、握钉力好、不变形。

5 实木指接板

实木指接板由多块木板拼接而成，上下不再黏压夹板，由于竖向木板间采用锯齿状接口，类似两手手指交叉对接，故称指接板。它在生产过程中用胶量比木工板少得多，用的胶一般是乳白胶的聚醋酸乙烯酯的水溶液，是用水做熔剂，无毒无味，所以环保性最高，可以作为木芯板的替代品使用。

板材比较 🏠

名称	构成方式	用途	特点
塑合板	外层粘贴木皮或刷漆，内层有木屑胶合剂高温压制制成。	普通家具、DIY家具、系统家具、办公家具。	●属于 E1 等级，高密度板材 ●取材容易，较为环保 ●施工容易 ●特别适合制造组合式家具 ●价格比木芯板和夹板低，使用寿命也比两者短。
密集板	外层粘贴木皮或刷漆，内层为木屑或木纤维加胶高温压制制成。	普通家具、DIY家具、系统家具。	●取材容易，较为环保 ●密度较低 ●好切割，使用弹性大 ●适合制造组合式家具 ●怕潮湿 ●价格实惠、大众化
夹板	外层粘贴木皮或刷漆，内层为薄木片加胶拼贴制成，构造如同三明治。	柜子类家具的背板、侧板、桌面、床板、室内隔间或装饰板。	●抗压、硬度高、耐撞、稳定性佳 ●具有非常好的载重力 ●不容易变形、扭曲 ●上钉容易 ●体轻、寿命长 ●板材可选厚度多
木芯板	外层粘贴木皮或刷漆，内层为实木条加胶拼贴制成。	柜子类家具的背板、侧板、桌面、床板、室内隔间或装饰板。	●抗压、硬度高、耐撞、稳定性较好，适合放重物，例如书柜 ●柜体或面层都可以用 ●承重力好，不易变形 ●价格适中 ●上钉容易 ●板材可选厚度多
实木指接板	没有面层，以实木条加胶指接而成。	柜子类家具的背板、侧板，桌面、床板、室内隔间或装饰板，还可以指接作为饰面板使用。	●抗压、硬度高、耐撞、稳定性较好 ●上清漆后可作为饰面板使用 ●可以替代木芯板 ●承重力好，不易变形 ●价格较高 ●上钉容易 ●板材可选厚度多

选购技巧

1 塑合板

观察两面的颜色、纹理是否一致，表面是否有裂缝、虫孔、鼓泡、污痕等劣迹。检查做工是否精细；轻轻敲打板材，如果发出清脆的响声，则说明板材粘贴较好，若发出厚重的声响，则说明板材出现脱胶现象。

2 密集板

无论何种密集板，其表面应平整、无明显的颗粒，用手摸表面时应有光滑的感觉。无空鼓、无脱胶现象；最好选择弹性较好的板材；用鼻子闻应没有异味；从侧面检查板材，如果看上去表面不平整，则说明材料或涂料工艺有问题；查看证书，甲醛含量应在国家标准范围内，尽量选用环保等级较高的产品。

3 夹板

查看板材是否有鼓泡脱胶、芯板是否有较大的空隙，面板颜色是否一致，裂缝、虫孔、撞伤、污痕、缺损及修补贴胶纸的情况都不能出现；还需要注意其甲醛释放量和强度；应选择木纹清晰、光泽、平滑的板材。

4 木芯板

细木工板有机器拼接和手工拼接两种，后者夹拼接缝严密，木质较好，锯开后没有明显的缝隙。从细木工板侧面或是截断后的端面观察芯板的厚度是否均匀、是否平直，是否有重叠离缝现象，观察板芯的木条是否有腐朽现象，两端是否有开裂，木条之间是否有缝隙，是否拼接地严实。查验检测报告，甲醛释放量每升是否小于或等于1.5毫克。

5 指接板

辨别指接板，主要看其芯材年轮，指接板多是杉木制作的，年轮较为明显，年轮越大，则说明树龄越长，所制作的指接板材质也就越好，指接板通常分为明齿和暗齿，后者好于前者。

比较板材应注意等级

在选购板材的时候，需要首先关注其环保等级和甲醛含量，几种板材的甲醛比较结果是指同等级的情况下具有的细微差距，合格产品和不合格产品不予比较。同时还应关注使用部位，有一些板材没有办法做柜使用，如果是制作柜体，就在适合制作柜体的材料中选择较好。

09 三种地板比一比，实木地板更环保

1. 市面上的木地板主要有几个种类，哪一种最环保？　　　解答见 P.70
2. 每种木地板的特点是什么？　　　解答见 P.71
3. 有的地板不是执行 E1 标准检测的，怎么判断其环保性？　　　解答见 P.71

　　木地板具有木材的纹理，与瓷砖的冰冷感相比，能够使人感觉温暖，因此逐渐取代了越来越多的地砖被运用在家居中。木地板可以分为三个大类：实木地板、实木复合地板（多层复合）和强化复合木地板，三个类型的木地板中，实木地板的环保性能最优。

　　实木地板从材质上来说是地板中最为环保的，但价格贵、保养费力，容易涨缩。

　　复合地板分为实木复合和强化复合两种，后者强度高但脚感不如前者。

类别介绍

1 实木地板

实木地板是由木材经烘干、加工后制成的地面装饰材料，具有木质材料花纹自然、温润、脚感舒适的特点。但花色少，颜色普遍比较深效果稳重，价格较贵。保养难度大，需要定期护理、打蜡。理论上讲，实木地板因为采用天然原木制作，是三种地板中最环保的。对安装工艺、流程很讲究。实木地板分 AA 级、A 级、B 级三个等级，AA 级质量最高。

2 实木复合地板

实木复合地板底层是由不同树种的板材交错压制而成的多层板，表面上再铺一层实木皮制成。克服了实木地板的缺点，干缩湿胀率小，具有较好的稳定性，同时保留了实木的自然木纹和舒适脚感。花纹比实木地板多一些，强化复合地板种类多，比较环保，虽然也是实木材料，但制作与安装过程中需使用胶水，如果胶水质量不好，易产生环保问题。价格适中，保养难度中等。

3 强化复合地板

强化复合地板由耐磨层、装饰层、高密度基材层、平衡层组成，硬度和耐磨性在三种之中最佳，便于保养，又有木地板的柔和性。花色繁多，可以根据自身喜好及家庭装修风格来选择。完全的人造产品，制作时基材、胶水使用不当，或安装时使用不合格胶水都易产生环保问题，属于三种之中最容易出问题的，价格较低，不怕水、不怕污渍、耐磨性好，几乎可以将强化地板看作瓷砖一样对待。

怎么判断强化复合地板的环保性

市场上地板的环保标志让人眼花缭乱，有的是欧标"E1"级，有的是国标"E0"级，其他的环保等级和环保标志也非常多。相对来说欧标比国标要更严格一些，同样的地板，如果执行的是欧标，那么甲醛含量基本就是最低了。不要被宣传语诱导，购买强化复合地板除了看板材等级外，还可以看产品还是否有环保"十环"标志，以及是否是国家免检产品，免检最好是双免检，不仅面材免检基材也需要是免检产品的更环保。

产品功效 🏠

1 产品功效

隔声隔热：实木地板具有缜密的木纤维结构，导热系数低，能够吸音、隔声、减少噪声污染。

调节湿度：在气候干燥时将木材内部水分释出；气候潮湿的时候，木材会吸收空气中水分。

冬暖夏凉：冬季实木地板的板面温度要比瓷砖的板面温度高 8℃~10℃；夏季实木地板的居室温度要比瓷砖铺设的房间温度低 2℃~3℃。

有利于身体健康：实木地板可以释放对人体有益的负离子以及吸收紫外线，同时还具有不结露、不发霉的特性，可避免螨类细菌的繁殖，减少气喘疾病。

2 实木复合地板

尺寸稳定：具有较好的尺寸稳定性，有天然的木质感、容易安装维护、防腐防潮、抗菌且适用于地热。

易打理：表面涂漆处理的很好，耐磨性好，市场上好的实木复合地板 3 年内不打蜡，也能保持漆面光彩如新。

安装简单：实木复合地板不用做木龙骨基层，地面找平就可以，安装比实木地板简单许多。

3 强化复合地板

超耐磨：表层为耐磨层，它由分布均匀的三氧化二铝构成，反映强化地板耐磨性的"耐磨转数"主要由三氧化二铝的密度决定。一般来说，三氧化二铝分布越密，地板耐磨转数越高。

花纹最丰富：强化地板的装饰层一般是由电脑模仿，可仿真制作各类材种的木材花纹，甚至还可以模仿石材以及创造出自然界所没有的独特图案。

好护理：只需用拧干的抹布、拖布或吸尘器进行清洁，如果地板出现油腻、污迹时，用布沾清洁剂擦拭即可。

安装简单：安装相当简单，直接将地板铺在平整、整洁的地面即可。

选购技巧

1 实木地板

含水率：国家标准规定木地板的含水率为 8% ~ 13%，相差在 ±2%，可认为合格。

检查基材：查看花色辨别是否为同一树种，有无混乱现象；看是否有死节、活节、开裂、腐朽、菌变等缺陷。

选服务：选择信誉好、售后佳的知名品牌，保修期限也是衡量实木地板质量的重要指标。

2 实木复合地板

面层厚度：实木复合地板表层的厚度决定其使用寿命，表层板材越厚，耐磨损的时间就越长，欧洲实木复合地板的表层厚度一般要求到 4mm 以上。

材质：实木复合地板分为表、芯、底三层。表层为耐磨层，应选择质地坚硬、纹理美观的品种；芯层和底层为平衡缓冲层，应选用质地软、弹性好的品种，这两层的品种应一致才能保证地板结构的稳定。

索取质检报告：国家出台《生产质量标准和安全使用标准》通过这两个标准的地板才是健康安全的木地板。重点查看检验报告的日期和真实性。

3 强化复合地板

涂层决定质量：标准的强化地板表面，应该都是含有三氧化二铝耐磨纸的，它有 46g、38g、33g 等。国家规定，室内用的强化地板的表面耐磨转数应该在 6000 转以上，只要用 46g 耐磨纸的地板，才能保证达到要求。

看包装：产品的包装箱上标识标注完整包含有注册商标、生产厂家、经营单位、型号、数量、地址、电话等。

闻味道：在地板的横截面使用锉刀摩擦，使横截面产生热量让甲醛充分挥发，甲醛在 25℃ 以上会加速释放，可以闻到一些刺激性味道。

保养常识

实木地板的使用重在保养，日常使用时要注意避免划伤地板。不要直接在地板上放置大功率电热器，禁止在地板上放置强酸性和强碱性物质，禁止长时间水浸。日常清洁使用拧干的棉拖把擦拭即可，如遇顽固污渍，可使用中性清洁溶剂擦拭后再用拧干的棉拖把擦拭，切勿使用强溶剂。为了保持实木地板的美观并延长漆面使用寿命，建议每年上蜡保养两次。

10 地板界环保型新秀 ——软木地板

软木地板被称为是"地板的金字塔尖上的消费"，主要材质是橡树的树皮，与实木地板比更具环保性、隔声性，防潮效果也更佳，具有弹性和韧性。非常适合有老人和幼儿的家庭使用，能够产生缓冲，降低摔倒后的伤害程度，且不用拆除旧的地板，即可以铺设。

软木地板更环保，防潮效果更佳，同时具有非常好的脚感，可用于客厅、餐厅的地面，尤其适合卧室和书房使用。

软木地板按照施工方式粉，有粘贴式和锁扣式两种。

类别介绍

1 表面无装饰型

此类软木地板表面没有任何装饰，属于比较早起的产品，脚感最佳，但比较不耐脏。

2 表面上漆型

在软木地板表面涂装 UV 清漆或色漆或光敏清漆 PVA。根据漆种不同，又可分为高光、亚光和平光三种。此类产品对软木地板表面要求面比较高，所用的软木料较纯净。除此之外还有采用 PU 漆的产品，PU 漆相对柔软，可渗透进地板，不容易开裂变形。

3 表面贴 PVC 型

在软木地板表面覆盖 PVC 贴面，结构通常为四层，表层采用 PVC 贴面，第二层为天然软木装饰层其厚度为 0.8mm，第三层为胶结软木层其厚度为 1.8mm，最底层为应力平衡兼防水 PVC 层，此层很重要，可以避免 PVC 表层冷却收缩，进而使整片地板发生翘曲。

4 表面贴聚氯乙烯贴片

面层为聚氯乙烯贴面，第二层为天然薄木，第三层为胶结软木，底层为 PVC 板与第三类一样防水性好，同时又使板面应力平衡。

根据场所选择种类

一般的家庭空间适合前两种，特别是卧室、书房人少的空间。第一种是最为原始的软木地板但各方面的功能优异。第二种软木层质地纯净，较薄，但高强度的耐磨层不会影响软木各项优异性能的体现。且铺设方便，揭掉隔离纸就可自己直接粘到干净干燥的水泥地上。

第三、第四种软木地板表面有较厚的柔性耐磨层，砂粒虽然会被带到软木地板表面，而且压入耐磨层后不会滑动，当脚离开砂粒还会被弹出，不会划破耐磨层，所以人流量虽大，但不影响地板表面，此类甚至可以用在公共场所中，如果家里客厅人流较多也可选择。

产品功效 🏠

1 天然环保

与实木地板对比，软木地板更具环保性。软木地板取材自橡树的树皮，在采剥之后，树木仍然会长出新的树皮，而树也不会遭到任何损坏，而实木地板是需求以采伐树木做价值的。软木资料自身无毒无害，红酒塞就是软木制作的。

2 防潮性佳

软木地板不会腐朽，很多百年老窖都是使用软木酒桶和软木塞的，但却不会腐烂。在经过了严格的铺装后，甚至可以铺在浴室里。

3 脚感舒适

软木是由很多的呈蜂窝状摆放的软木细胞组成，细胞内充满了空气，这种特质使软木地板具有质软、伸缩性强的特性，柔韧抗压的作用，即便格外重的家私压在上面构成细小压痕，也能够在重物撤去后恢复原状，并且这种格外的蜂窝状布局又构成了降噪吸声的功用和温暖的舒服脚感。

4 耐磨

软木是由无数个气囊组成的，外表构成了无数个小吸盘，当脚步与地上触摸时，软木地板就将细微的尘土吸附在地上，削减了脚步与地板的相对位移，削减冲突，然后延长了地板的耐磨时间和使用寿命。

5 静音

软木的每个细胞都是一个小型的压力吸收体，富有弹性；每个细胞都是一个小型的减震器，安全静音；软木地板装置不需要打龙骨，与地面直接接触，由于龙骨中心悬空因而静音作用格外明显。

6 防虫蛀

软木不怕虫蛀，与实木制品不同，因而即便在阴冷湿润的酒窖里，葡萄酒瓶都是倒置存放的，也没有软木塞被虫蛀，酒液流出来的现象，即使是潮湿易生虫的地区，也可以放心的使用软木地板。

选购技巧

1 看表面

先看地板砂光表面是不是很光滑，有没有鼓凸的颗粒，软木的颗粒是否纯净，这是挑选软木地板的第一步，也是很关键的一步。

2 看弯曲度

选择边直的产品。取 4 块相同地板，铺在玻璃上或较平的地面上，拼装观其是否合缝。检验板面弯曲强度，将地板两对角线合拢，观察其弯曲表面是否出现裂痕，无则为优质品。

3 检查强度

胶合强度检验。将小块试样放入开水中泡，其砂光的光滑表面变成癞蛤蟆皮一样凹凸不平，即为不合格品，优质品遇开水表面应无明显变化。

4 看密度

软木地板密度分为 400 ~ 450kg/m³、450 ~ 500kg/m³ 以及大于 500kg/m³ 三级。一般家庭选用 400 ~ 450kg/m³ 足够，若室内有重物，可选稍高些的。

保养常识

1 清洁

软木地板的保养跟其他类型的木地板比起来要简便很多。用吸尘器、半干的抹布即可，局部污迹可用橡皮擦拭，切不可用利器铲除，若是打过蜡的板材，可以用湿布擦拭干净。

2 小心砂粒，避免热伤害

在使用过程中，需避免将砂粒带入室内。切忌将热水杯等温度较高的物品直接放在地板上，以免烫坏表面漆膜。同时应尽量避免太阳长时间直射地板，以免漆膜被紫外线长期强烈照射后，过早干裂和老化。

3 维护

维护地板时，不得用水冲洗、抛光或用去污粉清洁。表面刷漆的软木地板的维护保养同实木地板一样，一般半年打一次地板蜡；平时只需用拧干的拖把或抹布拖擦。难以擦净的地方用专用清洁剂去除。避免对地板强烈的冲击，搬运家具以抬动为益，不能直接拖动，家具腿需垫物。

11 亚麻地板，天然环保弹性佳

? 难题解疑

1. 亚麻地板的成分是什么？ 解答见 P.78
2. 亚麻地板是完全环保无毒的材料对么？ 解答见 P.79
3. 亚麻地板应如何进行保养？ 解答见 P.79

亚麻地板的主要成分为亚麻籽油、石灰石、软木、木粉、天然树脂、黄麻，其具有优良的环保性能，亚麻地板没有接缝且花色很多，非常适合用在儿童房中。同时还具有良好的耐烟蒂性能，属于弹性地材，亚麻地板目前以卷材为主，是单一的同质透心结构。

亚麻地板可以随意切割、拼贴，且无毒无害，儿童也可放心使用。

与木地板不同的是，亚麻地板颜色非常多，适合注重色彩效果的人群使用。

产品功效

1 环保无毒

亚麻地板是由可再生的纯天然原材料包括亚麻籽油、松香、木粉、黄麻及环保颜料制成的，收获或提取这些原材料所消耗的能量都非常小。其中亚麻籽油从亚麻籽中榨取，是亚麻地板中最为重要的原材料，亚麻环保地板的名称也来源于此。

2 没有甲醛

生产过程无污染，所以亚麻地板环保、不褪色，使用中不释放甲醛、苯等有害气体，废弃物能生物降解，不污染环境。

3 不含重金属

亚麻油地板亮丽、美观的色彩是由环保有机颜料创造出来的，所使用的颜料不含重金属（如铅或镉）或者其他有害物质，而且对环境没有任何影响。

4 弹性佳、抗菌

良好的抗压性能和耐污性，弹性好，桌椅等重物压后不留痕迹，皮鞋、轮子划过，不留下难以去除的黑印，可以抗烟头灼伤，可以修复，具有良好的导热性能，是地板采暖最适宜的地面材料，能够抑止细菌生长，具有抗静电性能。

保养常识

亚麻地板平时用吸尘器做干燥清洁就可以，不建议用湿布擦拭，若打翻了有色饮料，宜尽快擦干。遇到难以去除的污渍可以用去污剂清除。严禁使用尖锐物对地板进行破坏，严禁用冲洗石质地面的方法去清洗亚麻地板，出入口处应需放置地毡，减少带入泥沙对地板进行磨损。

不适合潮湿区域

亚麻地板原料多为天然产品，表面虽然做了防水处理，防水性能也不如其他人工合成的材料，因此不适合用在地下室、卫浴间等潮气和湿气较重的地方，否则地板容易从底层腐烂。

12 PVC 地板，质量好的就环保

? 难题解疑

1. PVC 地板是环保的么，它的原料是什么？　　　　　解答见 P.80

2. PVC 地板有几种，特点是什么？　　　　　　　　　解答见 P.81

3. 怎么选购和保养 PVC 地板？　　　　　　　　　　 解答见 P.83

PVC 地板施工非常方便，它有卷材也有片材，适合不同的空间使用，对于不打算久居的场所或者出租屋来说是不错的选择，它的花色很多，以仿木纹为主，好打理。国内 PVC 地板的市场非常杂乱，所以给人的感觉它不是一种环保性材料，实际上符合国标的 PVC 地板属于环保材料。

PVC 片材地板经过拼贴以后，具有类似瓷砖的拼接效果，且更经济，适合不想大动干戈装修的短居场所。

PVC 地板花色有仿石材纹理、仿木纹、纯色以及一些其他纹理、花色。如果施工需要粘贴，注意使用环保胶，否则容易有污染问题。

类别介绍

1 复合 PVC 地板

复合 PVC 地板主要是由四层组成,即表层 UV 处理层、色彩层、玻璃纤维层、发泡或非发泡层。复合 PVC 地板可用电脑仿真出各种木纹和图案、颜色,彻底打散了原来木材的组织,破坏了各向异性及湿胀干缩的特性,尺寸极稳定,尤其适用于地暖系统的房间,耐磨性约为普通漆饰地板的 10 ~ 30 倍以上,还有抗菌、防滑、耐污、抗静电、保养简单的特性。

2 同质透芯 PVC 地板

从上到下材料都是同一材质的,色彩、花纹也都是一样的。材料主要是由 PVC 和石粉组成,这类地面材料一般结构较低,耐污性较差,使用时需要经常打蜡保养,不建议家庭使用。

产品功效

1 合格产品无毒害

生产 PVC 地板的主要原料是聚氯乙烯,经国家权威部门检测不含任何放射性元素。任何合格的 PVC 地板都需要经过 ISO9000 国际质量体系认证及 ISO14001 国际绿色环保认证,同时 PVC 地板是唯一能再生利用的地面装饰材料。

2 防潮抑菌

PVC 地板主要成分是乙烯基树脂,不怕水,只要不是长期的被浸泡就不会受损,且不会因为湿度大而发生霉变。其表面经过特殊的抗菌处理,还特殊增加了抗菌剂,对绝大多数细菌都有较强的杀灭能力和抑制细菌繁殖的能力。

3 防滑、防火

表层的耐磨层有特殊的防滑性,与普通的地面材料相比,PVC 地板越遇水越涩。质量合格的 PVC 地板防火指标可达 B1 级,次于石材。PVC 地板本身不会燃烧并且能阻止燃烧,燃烧后不会产生有毒气体。

4 弹性佳、抗耐冲击

PVC 地板质地较软所以弹性很好，在重物的冲击下有着良好的弹性恢复，卷材地板质地柔软弹性更佳，其脚感舒适被称之为"地材软黄金"，同时 PVC 地板具有很强的抗冲击性，对于重物冲击破坏有很强的弹性恢复，不会造成损坏。

5 施工便捷，可 DIY

PVC 地板的安装施工非常快捷，不用水泥砂浆，地面平整的用专用环保胶粘剂粘合，24h 后就可以使用。用较好的美工刀就好可以任意裁剪，同时可以用不同花色的材料组合。

6 花色多

PVC 地板的花色品种繁多，如地毯纹、石纹、木地板纹等，甚至可以实现个性化订制。纹路逼真美观，配以丰富多彩的装饰条，能组合出绝美的装饰效果。在家居环境中，应用最多的还是木纹的，有仿实木地板的感觉，显得高档一些。

7 耐酸碱、保暖

PVC 地板具有较强的耐酸碱腐蚀的性能，可以经受恶劣环境的考验。导热性能良好，散热均匀，且热膨胀系数小，比较稳定。非常适合有地暖的家庭铺装，尤其是北方寒冷地区。

DIY铺设方法

所需工具：壁纸刀、锯齿刮刀、铁尺、粘胶。将地面清理干净，保证平整、干燥。

根据设计图案、胶地板规格、房间大小、进行分格、弹线定位。在地面上弹出中心十字线或对角线并弹出拼花分块线。

将自带粘胶的地板背胶撕下，没有粘胶的涂抹粘胶。从中心部分开始铺，想四周扩散。到墙边的位置用美工刀裁切需要的大小。

不适合潮湿和过热房间

PVC 地板虽然性能强大，并不是所有的空间都适合使用。如家居中阳光充足的阳台及潮湿的卫浴间中就不适合使用，长期的日晒及潮湿容易破坏地板底层的胶层，造成翘曲或膨胀变形，而且 PVC 地板透气性差，长期潮湿地面很容易发霉、长毛，散发难闻的气味污染空气。

选购技巧

1 先看环保指标

PVC 地板市场过于混乱，建议去大一些的卖场购买。购买时可以要求商家出售合格证和环保方面的证书，判断地板品质的优劣也可以从质量检测证书以及其他如国家质量免检产品、ISO9001 质量体系认证、ISO14001 环境体系认证等荣誉证书来衡量。

2 闻气味

首先用鼻子闻一下地板是否含有气味，质量合格的 PVC 地板是没有气味的，不合格品的 PVC 地板因为原料中含有甲醛而有刺鼻的气味。

3 检查耐污性

可以用彩色笔在地板划几道痕迹，用清洁布擦洗，如果不能清洗干净或者清洗不彻底，说明地板的耐污性差。

4 测试耐磨性、稳定性

用比较尖锐的器物在地板表面拉擦来测试地板的耐磨性，线条划痕不明显的说明地板耐磨性能差。可以用刀子切割地板来测试地板的稳定性，如果地板很容易就被割开，就说明地板没有玻璃纤维层，这样的地板稳定性差。

5 厚度选择

PVC 地板的厚度由底层和耐磨层决定，原则上来说合格的 PVC 地板厚度越高的耐磨性越高，使用寿命也就越长。日常使用厚度为 3～5mm、耐磨层厚度为 0.2～0.3mm 的即可。

保养常识

日常清洁：推尘或吸尘器吸尘，湿拖。用地板清洁上光剂按 1：20 比例兑水稀释，用半湿的拖把拖地。

特殊污垢的处理：局部油污将水性除油剂原液直接倒在毛巾上擦拭；大面积油污，将水性除油剂按 1：10 稀释后，用擦地机加红色磨片低速清洁；黑胶印，用喷洁保养蜡配合高速抛光机加白色抛光垫抛光处理。对于时间比较长的黑胶印，可以将强力黑胶印去除剂直接倒在毛巾上擦拭处理；胶或口香糖，用专业的强力除胶剂直接倒在毛巾上擦拭去除。

13 更加精细的竹地板 ——重竹地板

❓ 难题解疑

1. 重竹地板属于竹地板的一种么？ 　　　　　　解答见 P.84

2. 它与普通竹地板的区别有哪些？ 　　　　　　解答见 P.85

3. 使用重竹地板有什么需要注意的？ 　　　　　解答见 P.85

重竹地板也称竹丝板，属于竹地板其中的一种，它在一般的竹地板基础上进一步地完善，使产品更美观、实用。重竹地板的选材比一般的竹地板更加精细，一般选用 4 年以上竹龄的优质毛竹做材料，经蒸煮、烘干、热压等流程制成。

生产方式毛竹的利用率高，是传统生产方式的 2 倍以上，既可持续生产，又有效地保护环境。

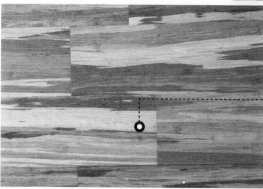

重竹地板还有着渐变的色彩和独特的装饰效果。

类别介绍

1 冷压重竹地板

冷压是将合适的竹丝烘干到较低的含水率以下浸胶，然后再干燥，装模，施压组坯，加锁后放至恒温空间内热固化。此类产品板面色差较小，破切工艺简单，但容易瘫边和造成板的密度不均。

2 热压重竹地板

热压产品是将竹材烘干，浸胶，干燥不需装模直接平铺施压加热固化一次完成。改进了冷压产品的某些不足，施压加热固化一次完成，密度均匀，不易跳丝。其密度相对冷压要高，所以破切难度较大，色差也比冷压品大。

产品功效

1 密度、强度高

重竹地板密度高达 1200kg/m^3，是普通竹木地板的 1.6 倍以上，具有硬度高、密度大、强度高、耐冲击、耐磨损等特点。重竹地板耐吸水、不变形，其测定 24h 吸水厚度膨胀率仅为 0.4%，这远远优于 ≤ 2.0% 的欧洲标准。

2 甲醛含量达到欧标

重竹地板的游离甲醛释放量在 0.35mg/L 以下，已达到欧美绿色标准要求，是名副其实的绿色环保产品。

在北方使用要注意地暖

重竹地板虽然比普通竹地板的性能要好，但是毕竟是竹制品，它对于环境的湿度还是有要求的，如果居于北方且为地暖，就不太适合使用，地暖是地面加热的，温度长时间的在25℃左右，对地板的保养不利，如果使用就需要采用加湿措施。还需要注意的是，重竹地板在购买的时候最好从知名品牌中选择，这类品牌的产品品质和售后更佳，如果使用中出现问题，可以找商家帮助解决。

14 盘多磨，一体式无缝环保地材

❓ 难题解疑

1. 盘多磨是什么，跟水磨石是一种材料么？　　　　解答见 P.86

2. 盘多磨地坪有什么特点？　　　　解答见 P.87

3. 在使用中应该注意什么？　　　　解答见 P.87

　　看腻了瓷砖、塑胶砖或木地板这些室内设计常见的地面材料，可以试试近年来较为流行的盘多魔（PANDOMO），它采用无接缝施工方式，具有多种创意、变化多元，表面有自然纹路，清理方便并贴近自然石材质感，清理方便，很适合有宠物的家庭。

　　盘多磨地坪没有接缝，不存在卡污的现象，需要现场施工。

　　盘多磨地坪不仅可用在地面上，还可用在墙面上，使墙面装饰更个性。

产品功效

1 无缝技术

盘多磨厚度只有 5mm，但质地坚固、不收缩、不龟裂，保养方便，不需要既定的排列方式，跳脱传统地坪的束缚，能够塑造出充满创意的舒适氛围。能保持地坪的完整性，能产出与众不同的装饰效果。

2 抗磨、不褪色

盘多磨地板表面有天然气孔与纹路，它实际上是一种无接缝的水泥，可用于地热空间，且抗磨、不褪色。主要配方是自平式水泥 PANDOMO—K1，施作完成再经由四道抛磨，之后涂上特殊调配的表面涂料石油，让表面产生丝缎滑面的光滑感，具有防渗水、防滑的功能。

3 创意无限

盘多磨地坪色彩具有无限种选择，无论是现代简约的或冷调优雅搭配生动色调或强化独特风格，即使是同一种颜色也不会与别人家完全相同，具有独特性，可以是单色设计，也可以是丰富多彩的创意图形区块，无缝的随意组合让所有设计就像单块画布所表现出的效果。

4 无需砸除旧地砖，减少垃圾

盘多磨地板不需要砸除原有的就地砖就可以施工，如果购买的是二手房或者旧房翻新就可以节省砸除这部分的费用，而且减少了垃圾的产生，很环保。虽然价格比较贵，但总的算下来与重新铺设石材等价位差不多。

选购技巧

盘多磨非常好搭理，清洁方式同地砖一样，平日用拖布擦拭即可，在使用的时候需要注意不要用尖锐的物体划伤地板，如果是小面积的损伤可以修复，如果面积过大就很难修复。

盘多磨地坪需现场制作

盘多磨地板与瓷砖、石材等不同，地砖等实在工厂加工成固定尺寸后再进行铺贴的，而 PANDOMO 必须在施工现场直接施工，经过灌料、挂出纹路、抛光、保养等多个步骤，工期大约需要一周。

15 清香而又能够调节温度的榻榻米

难题解疑

1. 榻榻米的组成材料是什么，环保么？ 解答见 P.88

2. 使用榻榻米都有哪些好处？ 解答见 P.89

3. 榻榻米应该怎么选购和保养？ 解答见 P.89

喜欢休闲一些的风格，可以在家里设计一个榻榻米，用来下棋或者喝茶、聊天都是很好的。榻榻米是用蔺草编织而成，一年四季都铺在地上供人坐或卧的一种家具。主要是木制结构，在选材上有很多种组合。面层多为稻草，不仅环保，还能够起到吸放湿气、调节温度的作用。

榻榻米的席面为蔺草，底层有天然稻草和木纤维两种。

榻榻米的厚度从 1.5cm~6cm，填充物能够吸放湿气，调节温度，同时有吸汗、除臭的功效，夏天使用非常凉爽。

产品功效

1 天然材料无毒

现代榻榻米选用优质稻草为原料，通过高温熏蒸杀菌处理后，压制成半成品后经手工补缝、蒙铺表面的天然草席，再包上两侧装饰边带制成的。榻榻米的构造分三层，底层是防虫纸，中间是稻草垫，最上面一层铺蔺草席，两侧进行封布包边，包边上一般都有传统的日式花纹，材料天然环保，基本无毒害。

2 对健康有利

榻榻米不仅天然环保，还对人类的健康长寿有益处。赤脚走在榻榻米上，可以按摩通脉、活血舒筋，从而可以消除疲劳、恢复体力、纠正驼背等。对儿童的生长发育及中老年人的腰脊椎的保养有好处，还能防止骨刺、风湿、脊椎弯曲等。

3 带有自然清香、节省费用

榻榻米平坦光滑、草质柔韧、透气性好、色泽淡绿、散发自然清香。用其铺设的房间，隔声、隔热、持久耐用、搬运方便、尽显异国情调，可在最小的范围内，展示最大的空间，同样大小的房间，铺榻榻米的费用仅是西式布置的 1/3~1/4。

选购技巧

榻榻米外观应平整挺拔；绿色席面应紧密均匀紧绷，双手向中间紧拢没有多余的部分；黄色席面的种类，用手推席面，应没有折痕；草席接头处，"丫"形缝制应斜度均匀，棱角分明；包边应针脚均匀、米黄色维纶线缝制，棱角如刀刃；上下左右四周边厚度应相同，硬度相等。

保养常识

榻榻米的特点就是吸放湿气调节温度，因此不要在榻榻米上铺设地毯等覆盖物，建议时常将榻榻米掀起竖立起来吹吹风，将取得更好的效果，持续 2~3 天晴天时，把窗户打开让新鲜空气吹进室内。以稀释的醋擦拭榻榻米，可避免榻榻米草席泛黄变色。若有水渍、尿渍，用温巾擦净，墨水渍，用牛乳清洁，再用吹风机吹干或背面朝阳晒干即可。最少每周用吸尘器仔细打扫一次。即可防虫、防霉。连日阴雨潮湿，注意开空调除湿；太阳充足的日子，要掀开通风，晾晒背部；如发现霉变，用干布蘸稀释的醋酸将霉菌清理干净。

16 儿童塑料地垫要用心，PE 更安全

? 难题解疑

1. 市面上销售的儿童地垫材料，哪种比较好？　　　　　　　　解答见 P.90

2. XPE 和 EPE 这两种材料有什么区别，都属于 PE 材料么？　解答见 P.90、91

3. 儿童地垫中的主要有害物质是什么，对人体有什么危害？　　解答见 P.91

　　儿童地垫是婴幼儿常用的辅助地面材料，它可以保护儿童防止磕碰，鲜艳的颜色和图案有益于刺激婴幼儿的视力及大脑发育，因此，很多家庭都会为婴幼儿铺设。某省的质监部门对 100 多批儿童地垫的最新风险监测结果却显示，目前市场上的地垫 XPE 材料更安全。

　　目前国内市场上销售的儿童地垫的材质主要分为两种。一种是 PE 材质，另一种是 EVA 材质。

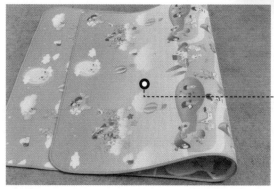

　　整体式地垫多为 PE 材质，PE 材质还分为 XPE 和 EPE 两种。

类别介绍

1 XPE 材质

即为化学交联聚乙烯发泡材料，是用低密度聚乙烯树脂加交联剂和发泡剂经过高温连续发泡而成，不吸水、环保无气味、回弹性好、不易变形，适合做宝宝爬行垫。这种材料本身就是建筑防水和保温材料，在地垫行业中属于高档材料。

2 EPE 材质

也就是市面上的 PE 棉，属于低端货。缺点多，易变性、易有折痕、回弹性小、吸水、有毒气味很大，但价格便宜。

3 EVA 材质

即为乙烯－醋酸乙烯共聚物材质，本身无毒。该种地垫材质硬、易吸水、易脏、脏后不易清理，长期压力下不回弹容易变形，很多拖鞋底就是用 EVA，大部分都带有很大的气味，市面上的合格率仅为 20% 左右。

4 PVC 材质

PVC 地垫很柔软，国内此种材料的地垫较少，多为日韩进口。它的缺点是质量大，同规格的约是 XPE 地垫的 5 倍，在一定温度条件下会产生毒性。

选购技巧

购买儿童发泡地垫应选择正规的商场和厂家，以免买到二次发泡的垃圾塑料，从国家检验来看，XPE 材质的比较安全。购买后、使用前需要通风放置，散去异味。好的地垫基本上一天味道就会散发干净，而且味道不刺鼻；如果打开后特别刺鼻并且长时间散不净就不建议再使用。

儿童地垫的主要有害物为甲酰胺

甲酰胺是无色透明油状液体，略有氨味。对皮肤和眼睛具有刺激性，可以从皮肤、呼吸道进入人体，损伤血液和神经系统。可释放出氨气，刺激人体产生流泪、咳嗽、呼吸不畅等症状。

17 可用于室外、节能又环保的塑木地板

塑木地板也叫木塑地板，是利用废弃的木材及回收的塑料制成的塑木复合材料，兼具节能及环保两种特点，视觉及触感上保留了木材的温润及质感，又同时拥有塑料的特点，且非常防滑，除了用在室内的产品还有用在室外的产品，室内产品使用寿命超长，可使用 10~15 年，室外可用 3~5 年。

　　塑木地板非常耐磨，不需要特别打理，所以家居中较多用在阳台中。

　　塑木地板分为 PE 和 PVC 两种，前者适用于室外，即使气温变化大一些，也可以耐得住。

产品功效

1 绿色、环保

塑木地板是以木材（木纤维素、植物纤维素）为基础材料与热塑性高分子材料（塑料）和加工助剂等，混合均匀后再经模具设备加热挤出成型而制成的，可再生，不含有毒物质、危险的化学成分、防腐剂等，无甲醛、苯等有害物质释放，不会造成空气污染及环境污染，能100% 回收再利用并重新加工使用，也可生物降解。

2 易加工

拥有和木材一样的加工特性，使用普通的工具即可锯切、钻孔、上钉，非常方便，可以像普通木材一样使用，同时还具有耐水防腐特性。

3 物理性能好

强度好、硬度高、防滑、耐磨、不开裂、不虫蛀，吸水性小、耐老化、耐腐蚀、抗静电和紫外线、绝缘、隔热、阻燃、可抗 75℃高温和 –40℃的低温。

4 比木材稳定

塑木地板具有木材的自然外观、质感，但比木材尺寸稳定性好，无木材节疤，不会产生裂纹、翘曲、变形等问题，有很多颜色选择，表面无须二次淋漆。

保养常识

对塑木地板进行清理的时候，可以先用抹布蘸取淘米水直接进行擦拭，还可将淘米水均匀喷洒在木地板上，等待 5~10min 以后，再用干抹布擦拭干净即可变得干净整洁。对于一些特殊污渍，比如油漆、油墨等可以直接用专用的去渍油来进行清洁擦拭。

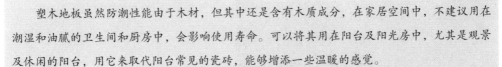

室内产品尽量避免用在潮湿区域

塑木地板虽然防潮性能由于木材，但其中还是含有木质成分，在家居空间中，不建议用在潮湿和油腻的卫生间和厨房中，会影响使用寿命。可以将其用在阳台及阳光房中，尤其是观景及休闲的阳台，用它来取代阳台常见的瓷砖，能够增添一些温暖的感觉。

18 可用在浴室的环保木材 ——碳化木

❓ 难题解疑

1. 什么是碳化木，它有什么优点？　　　　　　　　　　解答见 P.94
2. 碳化木有及各种类，每种有什么特点？　　　　　　　解答见 P.95
3. 怎么选购碳化木？　　　　　　　　　　　　　　　　解答见 P.95

碳化木素有物理"防腐木"之称，也称为热处理木。它属于环保、防腐型材料，用高温去除水分破坏细胞养料，杜绝微生物的滋生，因此不易变形、防腐、稳定性高。想要在浴室中增添一些柔和温暖的感觉，就可以使用碳化木来装饰地面。

碳化木可以净化空气且防腐性能极佳。

碳化木是少数可以在浴室中使用的木质类材料，与抿石子搭配效果更加。

类别介绍

1 表面碳化木

是用氧焊枪将木材烧烤，使木材表面具有一层很薄的碳化层，能够突显表面凹凸的木纹，产生立体效果。表面碳化木采用天然百年木材，生产过程中不添加任何有害防腐药剂，也没有任何环境污染问题。防水、防潮、防腐、防蛀、耐磨、耐高温、抗酸碱。

2 深度碳化木

是经过 200℃ 左右的高温碳化技术处理的木材。具有较好的防腐防虫功能且具有较好的物理性能。尽管产品具有防腐防虫性能，却不含任何有害物质。不易吸水，含水率低，是不开裂的木材。耐潮湿，不易变形，加工性能好，克服木材表面容易起毛的弊病，里外颜色一致，表面有柔和的绢丝样亮泽，纹理得更清晰，是优秀的防潮木材。

选购技巧

1 购买知名品牌

找知名品牌购买碳化木，质量与服务都保证。正规防腐木厂家生产的合格碳化木在产品上均有防伪标识，可以打电话与厂家核对产品上的编码。

2 检验尺寸

在购买碳化木时尽量自己佩带计算器与卷尺，以防不法商贩在尺寸上做手脚，买到不足尺的碳化木。

3 有配套木油

合格碳化木都有与之配套的木油，碳化木若在阳光强的地方使用为了增加木材抗紫外线性能必须刷木油，还能增加木材的美观度。

保养常识

由于碳化木是在高温的环境下处理的，所以碳化木吸收结合水的能力不强，吸水能力很强。为了减缓这些现象，可在碳化木的表面最好每 3 年左右就涂饰保护油漆。

19 不怕水的多功能木头
——桑拿板

　　除了碳化木外，还有一种木质材料也可以用在卫浴间中，它就是不怕水的木头——桑拿板，之所以成为桑拿板是因为它是最长用来做桑拿房的材料，主料为木材，一般选用松木或其他硬木，经过高温脱脂处理制成。

材料为樟子松、红雪松板、云杉、铁杉、花旗松和香柏木等。

桑拿板不仅可用在浴室中，阳台的各个界面以及室内客厅、餐厅的墙面和地面也可使用。

产品功效

1 便于安装

桑拿板可用于桑拿房、护墙板，卫生间、阳台中可用作墙面及吊顶等，以插接式连接，易于安装。

2 经过脱脂处理，耐高温

桑拿板是经过高温脱脂处理的，能耐高温、不易变形，拥有天然木材的优良特性、纹理清晰，易于清洗，天然环保。

3 用途广泛

桑拿房的主料，此用途一般选用白松和红雪松，最好不要选用油性大的樟子松。还可用做室内的护墙板和吊顶材料，以及卫浴件和阳台的顶面、墙面甚至地面上。

选购技巧

桑拿板主要从材质的美观性、尺寸以及加工水平来挑选。红雪松桑拿板无结巴，纹理清晰，色泽光亮，质感好，做工精细，尺寸稳定，不易变形，有天然的芳香，最适合建造桑拿房；樟子松桑拿板是市场最流行的产品，价格低，质感较好。另外，桑拿板还可分有节疤、无节疤两种，无节疤材质的桑拿板价格要高很多。

保养常识

经常用软棉布顺着木的纹理方向擦掉桑拿板表面的灰尘。在除尘之前，在软布上蘸点清洁剂，不要用干布揩抹，干布会擦花桑拿板表面。一段时间，用拧干水分的湿棉丝将桑拿板旮旯处的积尘细细揩净，再将桑拿板通体擦拭一遍，然后以洁净的干软细棉布揩干即可。

用在浴室顶部需要刷油漆

不经过处理的桑拿板防潮、防火、耐高温等比较不稳定，用于卫生间吊顶的桑拿板，安装好后需要油漆才能更好的防水、防腐。刷木蜡油及聚酯漆都能起到防水作用，早先的船都是用清漆做防水的，而聚酯和木蜡漆都是清漆的升级材料，聚酯漆氛围酸性和碱性两种，会对桑拿板产生色变，会令板的原色加深，要保持桑拿板的美丽天然的本色，还是用木蜡油最为合适。

20 玻璃、石材和瓷砖，光滑才不易藏粉尘

？难题解疑

1. 光滑的材料与粗糙的材料相比环保上的优点是什么？　　　　解答见 P.98

2. 面层光滑的玻璃和瓷砖都有哪些种类，特点是什么？　　解答见 P.99、100

3. 怎么选购和保养玻璃及瓷砖？　　　　　　　　　　解答见 P.101

如果家里有人是过敏体质，在选材的时候建议多选择一些表面光滑的材料，例如玻璃、石材和瓷砖等，比起木作和一些表面粗糙的材料，此类材料更不容易积累粉尘，即使粉尘有停留只要轻轻擦拭就可以去除，且施工也更简单，污染也小。

大理石属于自然类材料，环保性较高，大多数的大理石表面都非常光滑，用在墙面的时候不容易积累粉尘。

玻璃的主料为纯碱、石灰石和石英，瓷砖的主料多由黏土、石英砂等混合而成，达到国家标准的此类材料，不存在毒害的问题。

玻璃类别介绍

1 烤漆玻璃

烤漆玻璃根据制作的方法不同，一般分为油漆喷涂玻璃和彩色釉面玻璃。烤漆玻璃的耐水性、耐酸碱性强；使用环保涂料制作环保、安全；防滑性能优越；抗紫外线，抗颜色老化性强；色彩的选择性强；耐污性强，易清洗，是非常好的墙面材料。

2 钢化玻璃

钢化玻璃属于安全玻璃，它是一种预应力玻璃，为提高玻璃的强度，通常使用化学或物理的方法，在玻璃表面形成压应力，玻璃承受外力时首先抵消表层应力，从而提高了承载能力，增强玻璃自身抗风压性、冲击性等，适合做隔断、推拉门等，可用它取代部分木质门。

3 镜片

当室内空间有限时，利用镜片进行装饰可以从视觉上使空间看上去变的宽敞。其颜色很多，有水银镜、黑镜、灰镜和茶镜等，不同颜色的镜片能够体现出不同的韵味，都属于环保范畴内的材料，可以与石材、瓷砖、乳胶漆和环保涂料搭配，具有极强的现代感。

4 砂面玻璃

砂面玻璃包括喷砂玻璃和磨砂玻璃两种。喷砂玻璃是经自动水平喷砂机或立式喷砂机在玻璃上加工成水平或凹雕图案的玻璃产品；磨砂玻璃是用普通平板玻璃经机械喷砂、手工研磨或氢氟酸溶蚀等方法将表面处理成均匀毛面制成。由于表面粗糙，使光线产生漫射，透光而不透视，是做隔断、门、推拉门的理想材料，虽然表面有"砂"，但并不容易积灰。

其他类型的玻璃

玻璃的品种不仅仅限于上面介绍的几种，例如还有艺术玻璃以及玻璃砖等，艺术玻璃的种类很多，包括压花玻璃、雕刻玻璃、彩绘玻璃、镶嵌玻璃、琉璃玻璃和砂雕玻璃等，此类玻璃有个共同的特点就是艺术感非常强，但表面通常都会有或深或浅的一些纹理，玻璃砖的砖与砖之间也会有连接的部分，所以它们打理起来没有平面类的玻璃容易，容易有粉尘。

瓷砖类别介绍 🏠

1 玻化砖

玻化砖是所有瓷砖中最硬的一种，在吸水率、边直度、弯曲强度、耐酸碱性等方面都优于普通釉面砖、抛光砖及一般的大理石，吸水率越低，玻化程度越好，产品的性能就越好。它不含有害元素，各种理化性能比较稳定，符合环境保护发展的要求。

2 微晶石

微晶石是微晶玻璃与陶瓷板材的平面复合材料，具有多方面的综合优势。它吸收了陶瓷板材机械强度大、韧性强、耐冲击性能好、耐化学腐蚀性能高的优点，使机械性能优于纯微晶玻璃，且提高了耐酸耐碱、耐化学洗涤液的性能。天然石材由于自然形成过程的原因，有的含有放射性元素，而微晶石是经两次高温的提炼、解析成型，所以不含任何放射性元素。

3 全抛釉砖

全抛釉瓷砖花纹特别出色，造型华丽，且非常具有层次感。表面光亮柔和，晶莹透亮，釉下石纹纹理清晰自然。全抛釉瓷砖坯体不用优质原料，表层只要有 0.5 ~ 1mm 的釉层，制作过程非常环保，因此产品也基本无害，由于釉层烧制速度较快，能耗较低，抛釉比抛光的能耗低而产量也较高，另外它的使用寿命是一般微粉砖的 3 倍。

4 釉面砖

相对于玻化砖，釉面砖最大的优点是防渗、耐脏，大部分的釉面砖的防滑度都非常好，而且釉面砖表面还可以烧制各种花纹图案。耐磨性不如抛光砖，同时它怕酸、怕水、怕污渍。在烧制的过程中经常能看到有针孔、裂纹、弯曲、色差釉面有水波纹斑点等。

表面粗糙的砖

瓷砖常见的还有仿古砖、皮纹砖、木纹砖、仿板岩砖等。这些砖体的表面都没有做抛光处理，有的还会做做旧处理，表面粗糙，比起光面砖来说，这类砖比较容易吸灰，但也比木材和壁纸要好一些，若为了与整体风格搭配，也可选择此种瓷砖。

选购技巧

1 选品牌

无论是玻璃还是瓷砖，从表面来看难以看出质量的差别，而内在品质差距却非常巨大，因此选择口碑好的品牌尤为重要。专业的生产厂家从选料到入库等几十道工序，都有严格的标准规范，因此质量比较稳定，而一些小规模的厂家对质量的要求相对较低。

2 看包装

正规厂家的包装上都明显标有厂名、厂址、商标、规格、等级、色号、工号或生产批号等，并有清晰的使用说明和执行标准。如果中意的品牌商品上述标记或标记不完全，请慎重选择。应特别注意其环保标准，甲醛等有害物是否符合国家标准要求。

3 瓷砖看砖体

选瓷砖先看砖体表面是否光泽亮丽、有无划痕、色斑、漏抛、漏磨、缺边、缺脚等缺陷。查看底胚商标标记，正规厂家生产的产品底胚上都有清晰的产品商标标记，如果没有的或者特别模糊的建议不要购买。

4 瓷砖看手感

同一规格的砖体，质量好、密度高的砖手感都比较沉，质量差的手感较轻。敲击瓷砖，若声音浑厚且回音绵长如敲击铜钟之声，则为优等品；若声音混哑，则质量较差。

5 试铺瓷砖

在同一型号且同一色号范围内随机抽样不同包装箱中的产品若干在地上试铺，站在 3m 之外仔细观察，检查产品色差是否明显，砖与砖之间缝隙是否平直，倒角是否均匀。

6 选玻璃注意外观

选玻璃先看厚度，其薄厚应均匀，尺寸应规范；之后要仔细观察玻璃中有无气泡、结石和波筋、划痕等，方法是距离 60cm，背光线肉眼观察。

保养常识

面层比较光滑的玻璃和瓷砖，平时应注意避免硬物的撞击，平日用湿布擦拭即可。如遇污迹可用毛巾蘸啤酒或温热的食醋擦除，忌用酸碱性较强的溶液清洁。瓷砖在平时应注意尽量避免有颜色的液体倾倒在上面，如果撒上应马上用吸水好的布或毛巾擦干净。

21 壁布 VS 壁纸，减少污染后者更优

❓ 难题解疑

1. 为什么说壁纸的环保性比壁布优越？ 解答见 P.102

2. 壁纸和壁布都有哪些种类，各有什么特点？ 解答见 P.103

3. 我很喜欢壁布，有没有与壁纸环保性差不多的品种？ 解答见 P.103

壁布和壁纸都需要用胶来粘贴，从材料本身来说环保性能相差的不多，特别是一些天然材料的壁布和壁纸，可以说是非常环保的。而因为壁纸本身的材料比较轻薄，所以如果粘贴的时候使用完全天然材料的环保浆糊，含有甲醛的比例就会大大降低。壁布材质较硬且厚重，边角的地方需要强力的胶来粘接否则难以贴平在墙上，天然胶难以达到这个效果，强力胶多含有甲醛，这点决定了壁布不如壁纸环保。

壁布比较厚重，边角需要强力胶粘贴，否则很容易开裂、起鼓。

壁纸质量较轻，无需用强力胶即可贴平于墙面，使用环保胶就可以降低甲醛含量。

类别介绍

1 自然材料壁纸

自然材料壁纸指以草、麻、藤等自然材料为主材制成的壁纸，此类壁纸前面有讲到都属于环保材料，所以甲醛含量极低或没有，是非常环保的墙体饰面材料。不严格的分类来说，纯纸壁纸和木纤维壁纸也可以划分到此类材料中，材料主要是木料等自然材料，加工步骤也比较简单，环保性很高。

2 非自然材料壁纸

这类壁纸在实际运用中被使用的最多，种类较多，包括有 PVC 壁纸、无纺布壁纸、植绒壁纸等。此类壁纸花色、图案较多，与自然材料的壁纸相比，如果使用的材料中掺杂的不合格物质较多，就很容易产生有害物质，但合格产品都属于低毒型材料，可以放心使用。

3 单层壁布

单层壁布是由一层材料编织而成，材料比较多样，包括丝绸、化纤、纯棉、布革等。其中的锦缎壁布最为绚丽多彩，缎面上的花纹是在三种以上颜色的缎纹底上编织而成，古典而雅致，装饰效果非常好。从材料上来讲，越简单的产生有害物的可能性越低，所以比复合壁布的环保性要高一些，但耐久度不如后者。

4 复合壁布

复合型壁布是由两层以上的材料复合编织而成，分为表面材料和背衬材料，背衬材料又有发泡和低发泡两种。其中的玻璃纤维壁布，防潮性能良好、花样繁多的，其中的浮雕品种因其特殊的结构，具有良好的透气性而不易滋生霉菌，能够适当地调节室内的微气候。

绿色环保的新一代壁布

如果喜爱壁布多过壁纸，有一种新型的壁布可以考虑——石英纤维纹理织布，它以天然石英玻璃融化、拉丝、制造而成，不含对人体有害的挥发物，属于无毒害型材料。此种壁布还能够抑制有害的微生物滋生，能使水汽自由扩散，使用专用的无毒害的胶黏剂，环保性能与壁纸持平，为进口产品。

22 液体壁纸，涂料和壁纸的中间选项

? 难题解疑

1. 什么是液体壁纸，它有哪些种类？   解答见 P.104、105

2. 液体壁纸有哪些特点，与传统壁纸比较优势是什么？   解答见 P.106

3. 如何选购和保养液体壁纸？   解答见 P.107

    在常见的乳胶漆和壁纸中间还有一个选项——液体壁纸，这是近几年出现的新型材料，也称壁纸漆，是集壁纸和乳胶漆特点于一身的环保水性涂料。液体壁纸采用高分子聚合物与进口珠光颜料及多种配套助剂精制而成，无毒无味、绿色环保。

    液体壁纸跟乳胶漆的形态一样，是液体形式的，通过涂刷能够制造出各种花纹，色彩较多。

    经过国家检验合格的液体壁纸是一种无毒无害的环保型建筑材料。

类别介绍

1 植绒液体壁纸

是一种具有棉柔手感的纳米光触媒涂料,具有无毒、无污染、不变色、阻燃、不助燃、附着力强、触感光滑、柔和等优点,这些优点可以和高档的壁纸相媲美。

2 感温液体壁纸

此种液体壁纸会随着家居内的温度而变化,在一定的温度区间漆膜遵循低温有色、高温浅色和无色的变化而变化,为家居环境体现不同的装饰效果。

3 浮雕液体壁纸

浮雕的液体壁纸是首款印有印式立体浮雕的壁纸漆,本身所具有的浮雕特性所以在施工的时候能呈现出自然的浮雕效果,无需其他的辅助措施,是施工最快也最完整的产品。

4 长效感香液体壁纸

采用微胶囊技术,将精油包裹起来,以自然扩散的方式或在压力、摩擦、加热作用下缓慢释放处香味,效果可以持续约 18 个月。

5 立体印花液体壁纸

是市场上面经常见到的一种,这种液体壁纸价格经济实惠,使用的比较广泛,它采用的是高亮立体效果的纳米光触媒涂料,这种特使产品光鲜亮丽、光彩夺目、具有特殊的美观效果。

6 负离子液体壁纸

负离子液体壁纸漆采用负离子空气净化功能,具有高效抗菌、持续净化空气的功能。

7 幻彩液体壁纸

幻彩液体壁纸干燥后在不同的角度会折射出不同光泽。通过专有模具,可在墙面上印出千变万化的图案,其独特的装饰效果和优异的理化性能是任何涂料和壁纸都不能达到的。

产品功效 🏠

1 环保性优于壁纸

液体壁纸采用丙烯酸乳液、钛白粉、颜料及其他助剂制成，黏合剂为无毒害的有机胶，无需使用 107 胶、聚乙烯醇等，所以不含铅、汞等重金属以及醛类物质，无毒无味，是真正天然的、环保的产品。

2 光泽度好

采用最新技术和独特的材料，做出的图案不仅色彩均匀、图案完美，极富光泽。有的品种图案颜色会随着视角的不同、光线的强弱而变幻出不同的色彩效果。

3 防潮、抗菌

具有良好的防潮、抗菌性能，有极强的耐水性和耐酸碱性、不褪色、不起皮、不开裂、不易生虫、不易老化等众多优点，最长能够使用 15 年以上。

4 墙面无需刮白

液体壁纸在所有的平面墙上都可以施工，无需对墙面做刮白处理，只需刷一层液体壁纸专用的底漆就可以在上面施工。

5 图案可定制

液体壁纸的具有高级墙纸精致花纹、立体感强的特点。不同于壁纸的固定式图案，液体壁纸可以随心所欲地根据个人审美观和品味，定做不同图案的模具。

液体壁纸与壁纸的比较：

液体壁纸	壁纸
与基层乳胶漆附着牢靠，永不起皮	采用黏贴工艺，粘结剂老化即起皮
无接缝没有开裂问题	接缝处容易开裂
性能稳定耐久性好，不变色	易氧化变色
防水耐擦洗，并且抗静电，灰尘不易附着	怕潮，需专用清洗剂清洗
二次施工时涂刷涂料即可覆盖	二次施工揭除异常困难
价格较高，需要专业人员施工	各种价位都有，可以 DIY

选购技巧

1 看环保标志

一些不法商家为了谋取利益，使用劣质的乳胶漆勾兑出假冒液体壁纸，这类液体壁纸会导致室内挥发性有机化合物（VOC）超标，所以在选购的时候如果不知道知名品牌，可以通过包装上是否有环保标志和质量体系认证来判断。

2 看水溶

液体壁纸在经过一段时间储存后，其中的花纹粒子会下沉，上面会有一层保护胶水溶液，一般约占涂料总量的 1/4 左右。质量佳的液体壁纸保护胶水溶液呈无色或微黄色，且较清晰；而质量差的涂料，保护胶水溶液呈混浊态。

3 看漂浮物

优等液体壁纸，在保护胶水溶液的表面通常是没有漂浮物的，有极少的彩粒漂浮物属正常，但若漂浮物数量多，彩粒布满溶液的表面，甚至有一定厚度，表明这种涂料的质量差。

4 闻气味

佳品液体壁纸一定没有刺激气味或油性气味，有些液体型壁纸有淡淡的香味，其香味属于后期添加的香料，与品质无关。

5 看粒子度

用透明玻璃杯盛入半杯清水，取少许涂料，放入水中搅动。杯中的水清晰见底，粒子在清水中相对独立，大小均匀为佳品；杯中的水会立即变得混浊不清，且颗粒大小呈现分化，少部分的大粒子犹如面疙瘩，大部分的则是绒毛状的细小粒子为次品。

保养常识

涂刷了液体壁纸的墙面如果有污染，请不要用尖锐的器具刮，假如墙面较脏，可用抹布沾水擦洗，切忌不要太使劲，以免有附着金属物弄坏墙面。平时注意保持墙面整洁，定时用掸子擦拭墙面，将附着在上面的灰尘擦净。如果墙面不慎损坏，请专业师傅修补，不可自己随意补涂。

23 除甲醛硅藻泥，无毒健康好安心

硅藻泥是一种以硅藻土为主要原材料的内墙环保装饰壁材，具有消除甲醛、净化空气、调节湿度、释放负氧离子、防火阻燃、墙面自洁、杀菌除臭等功能。由于硅藻泥健康环保，不仅有很好装饰性，还具有功能性，是替代壁纸和乳胶漆的新一代室内装饰材料。

硅藻泥用于卧室中可净化空气、释放负离子，从而提高睡眠质量。

硅藻泥不但健康环保，其独特的纹理还可以为客厅带来自然的气息。

类别介绍

1 稻草泥

稻草泥不含任何有害物质，在天然矿物干粉涂覆材料基础上添加了纯净无污染的天然稻草，具有天然特质与自然美感。适用于对环保有追求的家庭，并与乡村风格搭配。

2 扇贝纹硅藻泥

扇贝纹硅藻泥的形状如海边的贝壳，成一定规律的摆列在墙面，以起到装饰空间的效果；其清雅的色彩、微妙的肌理使原本呆板的墙面，在错落有致中焕发生机和活力，个性风采尽情演绎；非常适合造型单调的卧室、儿童房中使用。

3 膏状泥

膏状泥颗粒较细密、均匀，附着于墙面的凹凸感明显；醇厚的质感最大可能的突破家居装饰概念的桎梏，适合于普遍的家庭空间，由其与实木造型较多的东南亚风格搭配。

4 树状硅藻泥

树状硅藻泥形状类似树木的皮质，成竖向纹理或横向纹理均匀的排布墙面，适合局部造型上的运用，如柱体、背景墙造型的搭配。

5 圆轮硅藻泥

圆轮硅藻泥以若干大小不一、纹理相近的圆圈组合成的硅藻泥图案；圆轮饰面肌理均匀排列，效果朴实生动。既富有中式美感，又容括欧式风情，更有圆圆满满、富贵吉祥的寓意，适合家庭空间的客厅、餐厅的背景墙设计。

遇水成泥的硅藻泥存在安全隐患

有些企业鼓吹硅藻泥应该遇水成泥，有泥的特性，这样才是硅藻"泥"。这是对消费者彻底的欺骗和蒙蔽。遇水成泥，乍看似乎很天然，但实际上却是质量最差的产品。在空气中水汽的侵蚀下，这种硅藻泥表面会分解脱落，变成飘浮在空气中的二氧化硅，严重的还可能引发哮喘甚至矽肺，隐藏着巨大的安全隐患。

产品功效 🏠

1 天然环保

硅藻泥壁材由纯天然无机材料构成，不含任何有害物质及有害添加剂，材料本身为纯绿色环保产品，其主要成分硅藻矿物被广泛应用于美容面膜、啤酒食品过滤等。

2 净化空气

硅藻泥产品具备独特的分子筛结构和选择性吸附性能，可以有效去除空气中的游离甲醛、苯、氨等有害物质及因宠物、吸烟、垃圾所产生的异味，净化室内空气。

3 杀菌消毒

硅藻泥因其独特的分子结构，对水分的吸收和分解能够产生瀑布效应，将水分子分解成正负离子，具有极强的杀菌能力，经检测抑菌率高达 96% 以上。

4 防火阻燃

硅藻泥是由无机材料组成，因此不燃烧，即使发生火灾，也不会冒出任何对人体有害的烟雾。当温度上升至 1300℃时，硅藻泥只是出现熔融状态，不会产生有害气体等烟雾。

5 呼吸调湿

随着不同季节及早晚环境空气温度的变化，硅藻泥可以吸收或释放水分，自动调节室内空气湿度，使之达到相对平衡。

6 墙面自洁

因硅藻泥是天然的矿物质，自身不含重金属、不产生静电，所以不吸灰尘，脏了用橡皮即可擦掉。而像乳胶漆和壁纸都是有机物有静电，所以非常容易吸灰，例如床头墙和衣柜的位置时间长了，把他移开会发现与其他地方的颜色明显不一样。

硅藻泥的原矿色不一定是土黄的

硅藻泥之所以称为"硅藻泥"是因为其主要活性成分硅藻土而得名。天然的硅藻土埋藏于矿层结构中，由于其多孔吸附性，所以含杂质极多。提纯后的硅藻土呈白色、淡黄、淡灰色。只有含有大量不明杂质的硅藻土原矿才会有颜色。这些杂质阻塞了硅藻土的呼吸孔，不但失去了呼吸功能，甚至还会产生新的污染。因此以硅藻泥原矿色、天然色为幌子进行宣传，实质上销售的却是风险极大的劣质产品，这种现象一定要警惕。

选购技巧

1 看资质

货比三家，对不同品牌、包装的产品，从质量、价格、服务、企业信誉等方面综合考虑。注意主动要求查看产品的质量检测报告，验证产品是否健康环保，零甲醛零污染零 VOC。

2 看比重

有人认为硅藻泥越轻越好。其实并非如此，因为硅藻土的含量是有严格要求的，而且硅藻土是硅藻矿物质经过加工粉化成末而成，主要看经过粉化的硅藻土施工到墙面之后是否具有吸附分解的功能。

3 看加水比例

硅藻泥调和时要加水，比例接近 1：1 最好；从实践上看，如果加水小于 0.5 的话，说明硅藻土的含量可能小于 20%。但是主要还是取决于做的基底是什么条件及底材的材质。

4 看吸水性

呼吸功能是硅藻泥的最基本功能，但是吸水越快越多并不能说明硅藻泥呼吸功能越好。吸水性太强会导致墙面遇水粉化，容易对墙面造成损坏。而且硅藻泥墙面主要是透气不透水，体现在吸附、过滤的功能，对水有一定的排斥性。

5 用湿布擦拭表面

好的硅藻泥，表面可以用湿布擦拭。而不好的硅藻泥，擦拭时，表面会出现粉末或掉色。

6 用喷火枪测试

对着硅藻泥样板喷火测试。好的硅藻泥可以防火阻燃，是保温隔热材料，耐 1000℃高温。遇火难燃，不发烟，没有异味。

保养常识

如果不小心撒上了咖啡、橙汁等污渍，应立即用干净的抹布擦拭，并蘸含氯的漂白剂擦拭痕迹；如没有立即清洁而留下的污渍，清洁的难度较大，要想清洁干净很难，需要重新修补被沾污的墙面，具体方法是在被沾污的地方刷一层水性滴油，带底油干透后，用同色的硅藻泥涂刷遮住弄脏的地方即可。

24 自然类涂料，无毒好帮手

❓ 难题解疑

1. 使用自然类涂料有什么好处？　　　　　　　　　解答见 P.112

2. 自然类涂料都由什么品种，构成材料是什么？　　解答见 P.113

3. 此类涂料难保养么，平日怎么清洁？　　　　　　解答见 P.115

除了大家都知道的硅藻泥外，近年来出现了越来越多的自然类涂料，这些涂料以自然界中的原料为主，不经过过多的加工步骤，无毒无害、安全环保，有的种类还可以帮助吸附甲醛等有害物，但因为人们对它们不是非常熟悉，所以使用的并不多。如果觉得常规的墙面材料不够安全，可以用它们来代替。

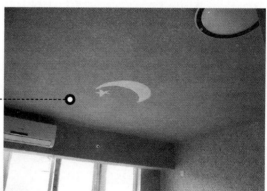

自然类涂料中的墙衣，具有独特的装饰效果，材料天然经过科学的加工，基本无毒害。

灰泥涂料具有非常好的防潮性能，不仅可以用在公共区，还能用在卫生间中。

类别介绍

1 墙衣

墙衣是由木质纤维和天然纤维制作而成，再经过科学的加工技巧，能够充分去除材料中的有害物质，保护人体健康安全，属于水溶性涂料。

2 灰泥涂料

灰泥涂料是将石灰岩经过高温煅烧后加水制成的熟石灰，熟石灰在水中会缓慢进行结晶反应，所以存放的时间越久，颗粒反而越细腻。灰泥涂料刷到墙上以后，风干的时候会与空气中的二氧化碳结合，硬化成为最初的碳酸钙，等同于为墙面铺上一层石灰岩矿。

3 甲壳素涂料

甲壳素涂料是一种水性环保涂料，主要成分是蟹壳和虾壳，加入树脂加工而成。透明涂料还可以直接用在家具商，帮助吸附甲醛。

4 蛋白胶涂料

蛋白涂料以天然植物性蛋白作为黏着剂，成分为土、大理石粉等自然类干粉料，可自然分解，无毒无味，容易 DIY，对于有过敏者或婴幼儿的家庭特别合适。分为细致面漆和纹理漆两个种类，前者颗粒较细，后者颗粒粗，可在室内创造户外建筑的质感。

5 造型涂料

也称为质感涂料或艺术涂料，在乡村风格的居室中，常见一种具有斑驳感的墙面造型手法，纹路凹凸不平，色彩深浅不一，就是由造型涂料塑造出来的。除了各种不同的图形，还有颗粒状、仿石材等效果的产品，甚至还可以做立体浮雕。

灰泥涂料与硅藻泥的区别

硅藻泥属于吸水材料，吸水后会变软，一碰就会掉下来且很难修补，只适合用在人流动少的卧室或者局部用在客厅中。灰泥涂料具备了硅藻泥的一些优点，同时可以擦洗，适合用在包括卫浴间的公共区域中，也可用于室外。

产品功效

1 墙衣

环保健康：墙衣是既健康环保又独具特色的室内装修材料，被誉为是继涂料、墙纸等传统内墙装饰材料之后出现的第三类新型内墙装饰材料。

保温隔热：墙衣具有保温隔热、节能高效的作用，可以制造出冬暖夏凉的效果。

不开裂：纤维组织具有伸缩性、透气性功能，使其同墙面浑然一体不开裂，修补简单补后无缝。

2 灰泥涂料

抗菌：灰泥涂料本身偏碱性，具有高透气性和防霉抗菌的功效。

无毒：原料为纯矿物材质，不含挥发物质，本身有细微的孔，能够平衡空气与建筑本身的湿度。

无需打底：不需费事打底，可以直接施工在水泥砂浆或石灰墙面上，降低使用甲醛涂料的必要性。

3 甲壳素涂料

可除甲醛：甲壳素涂料能够有效的除去甲醛，并且能够抗菌、防霉、除臭。

有时效限制：需注意的是，甲壳素涂料的除甲醛功效最长可以维持 3 年，所以 2 ~3 年就需要重新涂刷。

4 蛋白胶涂料

面层粗糙：蛋白涂料的最细颗粒为 $0.5mm^3$，延展性不佳，质感自然、粗糙。

高透气性：颗粒粗所以表面的空隙大，具备高透气性，涂刷蛋白胶涂料的墙面会自然呼吸，不易返潮。

无化学黏着剂：原料天然，没有化学黏着剂，喷湿 24h 可刮除，免去用机器打磨而造成粉尘危害。

5 造型涂料

不含甲醛：造型涂料的外观与传统涂料相似，但材质完全不同，传统涂有挥发物质，而造型涂料的材料为天然的实惠和自然植物纤维，表面上色的蜡使用蜂蜜蜡染色制成，完全不含甲醛。

不怕潮湿：此种涂料不怕潮湿，造型多变，色彩表现好，有自然的质感，可以避免呆板的感觉。

选购技巧

1 环保先行

这些涂料都属于环保材料，选购时应注重其环保指标，查看产品有无"十环"环保标志，不含有害物的种类此项指标是否达标，闻一下是否有刺鼻气味等，避免因为款式新颖而被商家以次充好。

2 看包装

无论哪一种涂料，选购时应注意查看商品包装上的标识，特别是厂名、厂址、产品标准号、生产日期、有效期及产品使用说明书等。最好选购通过 ISO14001 和 ISO9000 体系认证企业的产品。

保养常识

自然类涂料由于材料的特殊性，表面都不容易吸附灰尘，如墙衣本身还有抗静电的能力。使用时间长了以后如果表面有少量的浮尘，只要用干净的毛巾轻轻擦拭一遍就可以了，平日可以隔一段时间就用掸子轻轻扫一扫。如果留下了手脚印或涂鸦，用橡皮擦或纸巾轻轻擦拭即可去除。如果沾上有色污渍，可以将墙衣湿透铲掉，再修补即可无缝隙衔接。如果是带色液体溅到墙上，并渗透到墙面内就需要进行局部修补。

市场主流内墙涂料成分的比较

	化学水剂型	化学水溶性，天然矿物型	天然（植物）矿物溶剂型	天然（植物）矿物水剂型
产品类别	水性乳胶漆	水性无机涂料	天然油漆	天然（植物）矿物涂料
常见种类	绿色乳胶漆涂料	纳米无机涂料	护木漆	灰泥涂料、硅藻泥
成分	有机溶剂、可塑剂、防腐剂、香精等	矽溶胶、有机树脂	亚麻仁油、熟炼桐油、松节油	石粉、石灰水、甲基纤维素等
属性	化学	化学	化学＋天然	天然
健康等级	不危险，但有时会诱发过敏	不危险	安全	安全
甲醛甲苯	合格产品在标准范围内	合格产品在标准范围内	有天然气味，含量近似无	近似无
使用范围	婴幼儿及过敏体质不能用	基本选择	可选择	优等选择
漆膜特点	成膜，潮湿会结霜、发霉	透气	透气	透气

25 选墙漆，底漆、 色浆环保指数不要忘

? 难题解疑

1. 选购乳胶漆的时候容易进入什么误区？　　　　　　　　解答见 P.116

2. 彩色的乳胶漆是怎么做成的？　　　　　　　　　　　　解答见 P.117

3. 怎么确定买到的漆质量是否达到环保指标？　　　　　　解答见 P.117

乳胶漆是几乎每家装修都要用到的材料，现在只要购买的是知名品牌基本上质量的问题都无需过于担心，但是多数人在购买乳胶漆的时候都会进入一个误区，就是非常注重面漆的质量、环保性，而对于底漆和色浆的质量却并不关心，有时候就会导致挥发物超标的情况。

乳胶漆分为面漆和底漆，底漆能够使面漆的涂刷效果更好。除了面漆外，底漆的环保指数也应该关注。

在调制彩色乳胶漆的时候，需要向漆中加色浆，如果想要涂刷彩色漆，不要忘了关注色浆的种类。

类别介绍

1 底漆

底漆是在腻子上方涂刷的那一道漆,通常要涂刷两次。它的作用是使漆面平整,从而对面漆起支撑作用,令漆面更为丰满,是涂刷墙漆不可缺少的材料,它能体现整个漆面的光泽、手感,提供抗碱性、提供防腐功能等,同时可以保证面漆的均匀吸收,使油漆系统发挥最佳效果。底漆的主要成分是树脂、助剂、溶剂以及填料。

2 面漆

底漆涂刷完毕后,就需要涂刷面漆,面漆就是我们能够看到摸到的那层。面漆是由树脂、溶剂、助剂以及很少或是不加填料组成。墙漆的抗划伤性、硬度、光泽、手感、透明度、耐老化性能、耐黄变性能等都是从面漆上体现出来的,面漆的质量直接影响着整个漆膜的质量。

3 色浆

受到北欧风的影响,越来越多的人选择了彩色乳胶漆来涂刷墙面,为家居带来变化,避免惨白一片的乏味感,色浆就是起到为乳胶漆调色作用的材料。人们在选择彩色漆的时候只关注颜色,却忽略了色浆是否环保,特别是深色,加入的量多,采用高 VOC 的不环保色浆会大大危害家人的健康。建议选择环保性的 ECO 低味环保色浆(水性色浆),这种产品不含重金属,没有刺鼻味道。

内墙乳胶漆质量标准

不论是底漆、面漆其中的有害物含量都应符合下列标准:

游离甲醛:内墙涂料中的游离甲醛主要来源于合成树脂乳液和防霉剂等助剂,它能确保涂料在生产和运输过程中的化学稳定性延长涂料的存储时间等。合格的涂料游离甲醛含量为 ≤ 0.1g/kg。

挥发性有机化合物(VOC):内墙涂料中总挥发性有机化合物的含量,仅应涂料在生产、施工和使用过程中时人体健康的影响和室内环境的污染,此项的国家执行标准为 ≤ 200g/L。

耐洗刷性:此项标准针对面漆,耐洗刷性是内墙涂料的重要技术指标之一,好的乳胶漆可随时用水擦拭,而不会被擦掉。国家标准规定耐洗刷性合格品:≥ 200 次;一等品:≥ 500 次;优等品 ≥ 1000 次。

26 无毒环保，少毒物的水性漆

❓ 难题解疑

1. 水性漆与油性漆对比的优势是什么？ 解答见 P.118

2. 市面上的水性漆都有什么种类？ 解答见 P.119

3. 怎么选购市面上的水性漆？ 解答见 P.119

水性漆以其无毒环保、无气味、可挥发物极少、不燃不爆的高安全性、不黄变、涂刷面积大等优点，越来越受到人们的欢迎，然而目前市面上还是油性漆的占用量比较高，所以在挑选漆类材料的时候，如果想要选择水性漆应向施工方指明。

合格的水性环保漆不需要担心环保问题，基本上一打开盖子甲醛就已经挥发。

如果担心水性漆还不够环保，可以使用水性漆范围内能够分解甲醛的竹炭漆、不含甲醛的竹炭漆等或者抗菌漆。

类别介绍

1 丙烯酸水性涂料

这种类型的水性漆是首先面试的产品，它的主要特点是附着力好，但耐磨及抗化学性较差，漆膜硬度较软，丰满度较差整体性能都不佳，但价格低。

2 丙烯本乡与聚氨酯的合成物水性涂料

此类水性漆除了秉承丙烯酸漆的特点外，强化了耐磨性能及抗化学性，有些厂家会将其标为水性聚酯漆。它漆膜硬度较好，丰满度较好，综合性能接近油性漆，但目前国内只有少数几家企业可以生产，可选择性较少，市场不是很成熟。

3 聚氨酯水性涂料

此类水性涂料的综合性能优越，丰满度高、漆膜硬度高，耐磨性能甚至超过油性漆，使用寿命延长，色彩调配也具有优势，是水性漆中的高级产品，但目前全球只有几家公司能够生产，价格很高，如果资金不足，不如使用天然材料涂料。

4 伪水性涂料

伪造的水性涂料，使用的时候仍然需要添加固化剂或化学品，比如硬化剂、漆膜增强剂、专用稀释水等，溶剂含量很高，对人体危害更大，有些甚至超过油性漆的毒性，有一些厂家会将其标注为水性聚酯漆。

选购技巧

1 从需求出发

了解水性涂料的分类后，可以从自己的需求出发选择具体的种类。如需在意价格不太在乎品质，可以选择丙烯酸类；比较注重品质和装饰效果，可以选择第二类的或第三类水性漆。

2 闻气味辩品质

最简单的方式是通过鼻闻的方法来辅助判断。丙烯酸有点酸的味道，聚氨酯则有些淡淡的油脂香味。最安全的方式是购买大品牌有质量认证和环保标志的产品。

27 东南亚风的椰壳板，生态环保

? 难题解疑

1. 为什么说椰壳板是生态环保的板材？　　　　　　　解答见 P.120

2. 椰壳板在比较潮湿的地区可以使用么？　　　　　　解答见 P.121

3. 椰壳板每块颜色都不一样，属于质量缺陷么？　　　解答见 P.122

在东南亚风格的住宅中，经常可以见到一种由椰壳制成的板材——椰壳板，它是一种新型环保建材，是以高品质的椰壳为基材纯手工制作而成，其硬度与高档红木相当，非常耐磨，有自然弯曲的美丽弧度。经磨削后呈光滑耐磨不怕水，无须涂饰油漆。

椰壳板是将干燥的椰壳经过去丝、磨光后切成片，粘贴在木板上的装饰板。

椰壳板硬度高，防潮、防蛀，大面积的使用有一定的吸声效果。

类别介绍

1 二拼板

二拼椰壳板是指采用两种颜色的椰壳拼装而成的板材，多为白色与另外两种颜色拼接，此类板适合大面积的使用更能展现板材的特点，例如装饰墙面。

2 复古板

复古板是椰壳板中造型最为规矩的一种，它的拼接方式同红砖墙一样，是采用错缝横拼，此种板材为单色板，全部使用一种颜色的也可，可以根据居室的整体色彩选择具体的颜色。

3 不规则拼接板

所有椰壳板中造型最随意的一种，具有不羁的感觉，大面积的使用更能表现出板材本身的造型特点。它是采用不规则的椰壳碎块拼接而成的，整体呈现三角形，这种板有个缺点就是空隙比较大，容易积灰，需要经常清扫。

4 人字板

人字板是由长方形的板块，横竖交错构成人字形拼接而成的板材，造型规则中具有动感，即可大面积使用也可小面积使用，都能表现出板材的特点。

5 回字板

回字板是由长方形板块和小的方形板块组成的，长方形板块组成一个大的"口"字形框架，中间的空白部分用小的方形板块填充，组成"回"字形，它的花纹比人字板要明显，同样大小面积均可表现板材造型特点。

6 椰侧板

椰侧板不同于前面几种板材，它不是利用大的块组成的，而是将也可裁切成细条，将椰壳的侧面放在正面，密贴组成的板材，有规律拼贴的款式也有乱拼的款式，它的缝隙是椰壳板中最小的，但是使用的胶也比较多，特别适合做家具饰面使用。

可涂刷透明漆做保护

椰壳板本身具有很高的性能，质地坚硬。但因为使用环境的差异，在使用时可以根据地理环境，适当的涂刷保护漆，以避免长期与空气的接触，因温度和湿度的变化而导致氧化，出现色泽的变化。这样即使在干燥和潮湿的地区也可以使用。保护漆可选择透明的色泽，不会改变椰壳板本身的色彩，还能起到保护作用，还可以采用木皮染色的做法，可以加深板材本身的色泽，还可以将天然的细孔堵住，避免发霉，延长使用寿命。

产品功效

1 绿色环保

椰壳板的主要原料是椰壳，使用环保胶由手工粘贴，有害物质的含量非常低，很适合东南亚风格或田园风格的居室。

2 硬度高

在采集椰子的时候就不难发现，椰壳具有超高的硬度，椰壳板是由椰子裁切的片组成的，所以具有超高的硬度，不易磨损，且防潮、防蛀。

3 不仅可用在墙面还可用在柜面

椰壳板除了用于屏风、墙面的装饰外，还可用作柜子的台面装饰，用椰壳板来装饰室内空间，能够迅速的打造出东南亚风情。椰壳板的尺寸是固定的，若想要小块面的椰壳板，则需请木工裁切。

4 色彩质朴

椰壳板属于天然材料，经过磨光后呈现椰壳的自然色泽，多半为咖啡色，其颜色的深浅与其生长的年限与光照强度有关，为了避免单调，工厂将椰壳经过一系列的处理，成品可分为三种颜色：一般椰壳、洗白椰壳以及黑亮椰壳，色彩都比较质朴。

天然产品每块都不一样颜色

椰壳为天然的物品，天然产品的特点就是没有两块会是完全一样的，所以每小片之间都会存在一些自然的差异，例如天然纹路不同、厚薄不同，色彩的深浅差异等，这些都不影响产品质量和外观，也正因为此而更能展现出它的天然之美。

选购技巧

1 看外观

椰壳板多为东南亚国家的企业制造，且为手工制品。在选购时，建议挑选椰壳变现裁切比较平整的板材，若边线裁切不齐，拼贴时比较难以达到整齐划一的效果，影响整体装饰美观。

2 闻味道

椰壳板的表面是椰壳，但需要用胶粘贴到底板上，用的胶和底板的品质决定了椰壳板的整体环保性，如果使用了劣质胶就会让板材含有甲醛、苯等挥发物，购买的时候可以贴近闻一下味道，有刺鼻或其他刺激的感觉不要购买。

3 看合格证书

椰壳板虽然是手工产品，但在投入市场销售后，也会有相应的合格证、环保证明等证书，在选购时，可以向销售方要求出示此类证书，注意查验其板材等级及甲醛含量等是否符合国标要求。

保养常识

椰壳板的保养可以根据产品的具体造型而区别对待：

凹凸面的产品：粗面且表面未经任何处理（喷漆）的椰壳板产品，平时无需做特别的保养，一般而言可以用吸尘器吸一遍、继而用软毛刷由里向外先将浮尘拂去，最后用湿一点的抹布抹一遍，最后用软抹布擦干净即可。磨砂面的产品或者光面的产品，可定期用毛刷、软布或者吸尘器对其进行灰尘清除处理，也可视情况喷涂家具用的防护剂进行保对其进行保养。

平面的产品：除定期用软布、吸尘器等进行保养处理外，也可定期对齐喷涂木材家具专用防护剂进行保养。

原色的椰壳家具翻新处理方法：先清洁弄干，然后用砂纸打磨椰壳家具的表面，使表皮去除污渍并且恢复光滑，再上一层光油或者依照椰壳板的施漆工艺再施一遍新漆进行保护，原先的旧家具即焕然一新。

除此之外，还需注意不宜在太阳下长时间暴晒。不宜使其接触和靠近高温火源地带，否则容易因黏合剂性状的变化而引起产品的变形、开裂、松动和脱开。不宜长时间的浸泡在水中。椰壳板在使用一段时间后，可用淡盐水擦拭椰壳家具用品，既能去污又能使其柔韧性保持长久不衰，还有一定的防脆、防虫作用。

28 水泥材料，个性、经济又环保

❓ 难题解疑

1. 将水泥直接作为饰面材料有什么优势？　　　　解答见 P.124

2. 水泥材料都有哪些种类，各有什么特点？　　　　解答见 P.125

3. 选购水泥有什么讲究么，还是什么样的都可以？　　解答见 P.125

　　水泥在人们的印象中，仅限于制作水泥砂浆用来砌墙或者铺砖。实际上，水泥还有一些非常个性的用法，例如水泥粉光地坪以及清水磨，此两种做法都非常具有 LOFT 韵味，极具艺术感，常被建筑大师使用。直接将水泥作为饰面材料，省去了表面再做装饰的步骤，也就降低了污染物的数量。

　　水泥粉光地坪可以直接在原有水泥地面上处理，上面无需再铺设地砖、地板，节省资金又环保。

　　清水模即为清水混凝土，效果非常具有个性。

类别介绍

1 水泥粉光地坪

水泥粉光地坪，是将水泥与砂依比例调配进行施工的。粉光阶段素材中加入七厘石或金钢砂，能让质感更佳，能打造出新旧交融的后现代风格空间。

2 清水模

清水模即为清水混凝土，就是在混凝土灌浆凝固拆模后，不再加以任何的修饰，完全以混凝土的质感作为墙面或顶面材料。这种做法如果做的好会具有干净利落的朴素感。目前台湾地区应用的比较多，在大陆地区技术不是很成熟。

3 水泥板

水泥板是以水泥为主要原材料制成的平面板，按照制作材料可分为普通水泥板、纤维水泥板和纤维水泥压力板，喜欢清水模的感觉，可以用它来代替装饰墙面或顶面。

产品功效

水泥粉光为自然、透气材质，表面具有细孔，属于无缝地材，非常耐磨，效果和特点都类似于盘多磨，但是价格更低，同样面积的空间造价仅为盘多磨的 1/3 且没有基础施工平数限制（盘多磨为 $30m^2$）。

清水模具有后现代的感觉，无需二次装饰，减少了饰面材料的使用，降低了污染物的数量。

水泥板介于石膏板和石材之间、可自由切割、钻孔、雕刻。防水、防潮抗湿，抗折抗冲击性较佳，为不燃材料防火，比起石膏板和密度板等板材使用年限更久。

选购技巧

水泥材料的品质关系到施工后的使用寿命，很少有人会关注水泥的品质，实际上，水泥也是分档次的，选择的时候可以看包装，选择有质量体系认证及生产日期在 3 个月以内的为佳，最好的方式是选择知名品牌，大厂和小厂的产品是有区别的，特别是直接作为饰面使用的水泥，如果品质不佳容易开裂影响美观。

29 依托于水泥施工的抿石子

1. 什么是抿石子，主要材料是什么？　　　　　　　解答见 P.126

2. 抿石子这种材料环保么，有什么优点？　　　　　解答见 P.127

3. 抿石子需要特殊保养么？　　　　　　　　　　　解答见 P.127

　　抿石子技术源于中国台湾地区，是将水泥与小石子混合均匀，用曼刀涂抹于工作面，实际就是将混合好的石子抿在工作面上，是水洗石的升级。它不只是平面，转角、曲线都可以使用，不像瓷砖容易被固定型所限制住。

　　抿石子即可用于墙面也可用在地面上，如果同时使用还能实现无接缝的转角施工。

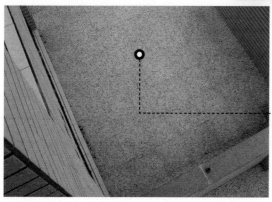

　　抿石子的原料主要是小石子和水泥，非常耐磨、硬度高，防水、不发霉，除了用在室内还可以用在庭院中。

产品功效

1 施工方便，可自行 DIY

抿石子取代了陈旧的水洗石工法，符合卫生要求，施工方便，不受环境、造型没有限制，可应用于建筑物内、外墙幕面、地面、花台、浴室等地方，没有缝隙，效果浑然一体，具有超强的天然味道，充分表达质朴之美，可以 DIY 施工。

2 施工无限制、不含有害物

抿石子的施工属于瓦工类，主料为打碎的天然石子，以及浆料，浆料的主要成分为抿石粉，是由白水泥、树脂粉和石粉混合而成的，基本上不含有害物质。抿石子不需要没有施工限制，不需要像粘贴石材、瓷砖那样严格的对缝，且没有尺寸和界面的限制。

3 用在卫浴间可防滑

石子是抿石子的主料，除了各种颜色的碎石外，还可以添加琉璃和宝石类原料，增加色彩的变化和整体光泽，甚至还可以拼接处各种花样，比起马赛克更具多元化设计效果。若在卫浴间使用抿石子，还是建议以防滑类的天然石为主，提高使用的安全性，也可加入玻璃纤维来增加防水性，甚至可以用来砌浴缸。

保养常识

抿石子较常见的问题是水泥间隙长霉，这跟施工时选用的材料与工法细致的程度有关联。在施作时应选用具有抑菌成分的填隙剂，并于施工完成后使用防护漆将水泥间隙的毛细孔洞，完全密封，将霉菌生长的环境降到最低，这道事前防护如果能妥善处理，在日后保养上只需使用清水刷洗，即可长保如新。

用粗蜡可防止石子变色：用于室外及浴室的抿石子墙面、地面经常会受到水的冲刷，用几年后淋水石子会变色，可以在完工后用粗蜡（金油）做涂层来保护石子。还可以采用德国进口的保护漆，比粗蜡颗粒细，能够渗透进石头中，成型保护膜，容易清洗，正常下可以使用 10 年但价格较贵。

选对石子的形状更易施工

抿石子在施工时会因为石子的形状影响施工时间，选对石材的形状可以获得更好的效果。石子的形状以圆润，扁平为最佳选择。尖角、立体的石材在进行整平时容易发生沾黏、滚动、划破水泥面等状况，进而延长施作时间，增加不必要的工资花费或处理难度。

30 橱柜柜体是主体，材料应环保又防潮

？ 难题解疑

1. 优质的橱柜柜体材料应满足什么条件？　　　　　　解答见 P.128

2. 橱柜柜体材料有几种，各有什么特点？　　　　　　解答见 P.129

3. 我家想用水泥橱柜，这样做环保么？　　　　　　　解答见 P.129

　　人们在选购橱柜的时候最长关注的是橱柜的面板材料，实木、烤漆、模压板、水晶板等材料指的都是面板的材料，而实际是存放物品接触面积较多的却是柜体材料，这方面关注的人很少，即使面板材料再好，如果橱柜柜体的材料不能防潮、不环保，也会对身体造成危害。

除了橱柜的面板外，橱柜柜体材料的选择也颇有讲究，如果选择了不耐潮的板材很容易变形、发霉。

如果喜欢个性一些的效果，直接用水泥打造橱柜也是一个不错的主意。

类别介绍

1 木工柜

自己购买材料由木工打造的橱柜，柜体的可选材料很多，通常有细木工板、刨花板、防潮板、纤维板等，柜门有两种获得方式，一种是也让木工做，另一种是购买成品。

2 定制柜

选购成品，此类橱柜通常是由厂家上门测量，根据需要和所选材料，在厂家完成制作而后到现场组装而成的，现在最常用的材料是三聚氰胺板，也有刨花板、防潮板和纤维板的类型，有的还会用不锈钢包裹整体。

各种橱柜柜体材料的比较：

材料	特点	使用建议
刨花板	是把木材或非木材植物原料经过专用设备加工成一定形态的刨花，加入适量的胶粘剂和辅料，在一定温度和压力作用下，压制成的大幅面板材。属于环保型材料，但普通产品容易吸潮、膨胀。	低档产品不适合做橱柜柜体，可选择高档产品
三聚氰胺板	也叫生态板，内芯为各种板材，双面贴三聚氰胺面压制而成。三聚氰胺甲醛树脂是一种含甲醛极低的溶液，是环保的，不但不会造成二次污染，反而会减低里面基材的释放。特点是耐热性佳、硬度大。	比较适合
中度纤维板	是将经过挑选的木材原料加工成纤维后，施加脲醛树脂和其他助剂，经特殊工艺制成的一种人造板材。分为高档和低档。低档价格为60元左右一张，质量差；高档产品强度高、防水性能极强，但价格高。	低档产品不适合做橱柜柜体，可选择高档产品帮助吸收甲醛
细木工板	是将木料经锯刨机加工成同一标准规格的木条，再经胶拼制成芯材板，正反两面胶贴薄做成的。容易加工，但不做防潮处理容易变形。	可以用，但施工要仔细，防潮要做好
防潮板	种类比较多，例如复合实木板、实木免漆板等，性价比高。此类板材环保性佳，具有很高的防潮性能。	适合

选购技巧

在选购橱柜的时候，一定不要忘记要向销售人员详细的了解一下柜体的材料，很多促销款式很有可能是替换了柜体而面板不变，有的高档橱柜还会对柜体材料进行特殊的处理，使其更加坚固、耐用。如果销售人员说的材料名词听不明白，一定要询问清楚再购买。

31 选择一体洁面盆，减少霉菌滋生

? 难题解疑

1. 为什么说使用一体盆能减少细菌？　　　　　　　解答见 P.130
2. 我家浴室的面积比较小，适合使用哪种面盆？　　解答见 P.131
3. 面盆上产生了比较顽固的污渍，应该怎么清理？　解答见 P.133

　　面盆是家庭必备洁具之一，种类很多，单从结构上就可以分为台上盆、台下盆、半嵌盆、立柱盆、挂盆和一体盆六种，每种结构都有其优点和缺点，这里要说的是，如果家里有过敏患者，选择一体盆最合适，它清洁起来比较容易，没有什么死角，不容易产生霉菌。

一体盆的面盆和台盆是一体式制作的，没有任何缝隙，也就不会卡污、生霉菌。

类别介绍

1 台上盆

台上盆的盆体显露在台面上方，安装最简单、方便，款式较多，大多数的艺术盆都属于此类。它的缺点是面盆与台面相交接的地方，时间长了以后容易卡污而滋生霉菌。

2 台下盆

台下盆的面盆都在台面下方，台面上比较整洁、利落，易清洁，但款式比较单调。这类面盆对安装要求较高，台面预留位置尺寸大小一定要与盆的大小相吻合，否则接缝处很容易卡污，台下的盆底部分会封闭不通风，如果不注意清洁，很容易成为卫生死角。

3 半嵌盆

介于台上盆和台下盆中间的一种安装方式，上面露出一半左右，下面放一半，特点与台上盆类似，款式没有台上盆多。

4 立柱盆

立柱盆非常适合空间不足的卫生间安装，具有很好的装饰效果，容易清洗，下水部分通风性好，不容易生菌。缺点是没有储物空间且下水道后方会露出一部分，不是特别美观。

5 壁挂盆

壁挂式洗面盆也是一种非常节省空间的洗脸盆类型，它是直接挂在墙上安装的，可以搭配台面摆放物品，但是储物空间有限。它需要搭配入墙式排水系统，因为下水管道在墙内，外部仅开敞式的露出一部分下水管，所以下方没有卫生死角，非常整洁。

6 一体盆

卫生无死角，整个盆体和台面统一风格，没有缝隙可以藏污纳垢。安装方便、省心，台面和洗手盆一体。缺点是比较笨重，造型也相对简单，追求装饰效果个性的家庭没有办法满足，造型独特的价格就高，总的来说也比其他盆贵。

选购技巧 🏠

1 看卫浴间面积

在选购面盆之前，特别是计划选择带有柜体的款式，一定要记得先测量浴室的面积，预计将面盆放在哪个方向，测量一下宽度、长度，再去市场里挑选合适长度的产品，之后再选择款式和材质。除此之外，在安装面盆时，要注意使用的高度，依照国人的习惯，面盆多安装在 75 ~ 85cm 为佳，高度在腰身的高度左右使用起来会舒适。

2 选款式宜综合考虑

几种造型的面盆各有其优点和缺点，在选购的时候建议从自身需求出发，如果在意卫生问题，首选一体盆，如果是墙排水也可以使用壁挂盆；如果在意效果，可以选择台上盆；在意利落程度可选择台下盆；空间小可使用立柱盆和壁挂盆等。

3 触摸、观察

面盆目前还是使用陶瓷的比较多，选购陶瓷面盆可以用手触摸表面，手感应非常细腻、光洁，触摸背面应有"沙沙"的细微摩擦感。观察面盆的颜色，好的陶瓷应没有色斑、针孔、砂眼等缺陷，釉面光洁、光亮，对光的反射性好。往陶瓷表面撒一些水珠，迅速滚落并没有残留的更容易清洁、不挂污垢。

4 看材料

目前饰面上的面盆主要有陶瓷、不锈钢、大理石和玻璃四类，不同材料具有不同特点，可以根据装饰风格来挑选。

不同材料的面盆对比：

材料	特点
陶瓷面盆	从习惯和款式上来看，市面上陶瓷面盆依然是首选。陶瓷面盆经济实惠，易清洁。造型和色彩最多，圆形、半圆形、方形、三角形、菱形、不规则形状的面盆已随处可见；由于陶瓷技术的发展以及彩绘的流行，色彩缤纷的艺术面盆纷纷出现。
不锈钢面盆	不锈钢面盆与卫生间内其他钢质浴室配件一起，能够烘托出一种工业社会特有的现代感。相比较其他材料的面盆来说，不锈钢面盆价格偏贵，且产量少，是以实体厚材质的不锈钢为原材料制造而成，无论是多脏的肥皂泡沫，只要掏水一冲，就光亮如新。
大理石面盆	此类面盆造型简洁明快，花纹华丽配上古朴的木质托架具有贵气。目前市场比较常见的主要有大理石面盆和人造大理石面盆，前者花色自然但价格贵，质地坚硬，防刮伤性能好；后者种类多价格低，耐磨、耐酸、耐高温，抗冲、抗压等功能很强。
玻璃面盆	玻璃面盆具有其他材质无可比拟的剔透感，非常时尚、现代，现代风格的住宅若追求新潮感可以用玻璃面盆。玻璃面盆分为普通玻璃和钢化玻璃两种，后者更安全。由于玻璃面盆从工艺到设计成本都较高，所以价格也比陶瓷盆贵一些。

保养常识

1 台上盆、半嵌盆

陶瓷、不锈钢、人造石这三种材质的台上盆和半嵌盆都很容易保养，勤做清洁即可。而玻璃不耐高温，千万不要将开水倒进去，同时避免用利器刻划表面和重物撞击。台上盆和半嵌盆最容易卡污的地方是面盆与台面的接缝处，清洁时不要忘记擦拭这个部位，使用一段时间可以用除霉剂处理一下。

2 立柱盆

立柱盆没有台面，在擦拭盆面的时候不要忘记下方盆底和立柱的部分，如果盆面很干净而下方很脏就很不协调，还应注意立柱后方瓷砖的清洁，避免因为下水管周围潮湿而长霉菌。

3 台下盆、壁挂盆、立体盆

面盆内部如果有污垢，可以将柠檬切片，用其洗擦表面，1min 后再用清水冲净，即可变得光亮。若污渍比较顽固，用安全的漂白水，倒进洗约浸蚀 20min，后用毛巾或海绵清洗，再用清水洗擦就可以。台下盆盆沿与台面接触的地方要记得经常擦拭、清洁，避免成为死角。

从左至右分别为台下盆、立柱盆和台上盆。

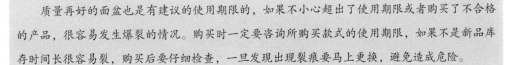

注意面盆的使用期限

质量再好的面盆也是有建议的使用期限的，如果不小心超出了使用期限或者购买了不合格的产品，很容易发生爆裂的情况。购买时一定要咨询所购买款式的使用期限，如果不是新品库存时间长很容易裂，购买后要仔细检查，一旦发现出现裂痕要马上更换，避免造成危险。

32 贴心抗菌马桶，省水又耐脏

? 难题解疑

1. 虹吸式马桶和直冲式马桶从卫生角度讲那种更好？　　　　解答见 P.135

2. 怎么挑选好质量的马桶？　　　　　　　　　　　　　　解答见 P.135

3. 抗菌马桶是怎么实现不沾污垢的？　　　　　　　　　　解答见 P.135

　　马桶也属于家庭必备洁具的一种，它从结构上可以分为分体式和连体式，从结构上可以分成虹吸式和直冲式，市面上的马桶绝大部分都是陶瓷材料的，从价格差上就可以看出来，价格低的马桶非常容易挂污渍，而价格高的马桶陶瓷就很容易清洁，现在还出了一种新的抗菌型的马桶，很适合人口多的家庭。

抗菌马桶的表面涂了一层纳米抗污层，使污物不易沾附在马桶内壁上。

类别介绍

1 虹吸式

虹吸式马桶的排水管道呈"∽"型，在排水管道充满水后会产生水位差，可以冲净更大面积的污渍，并且具有静音优点，更重要的是虹吸式冲水方式水封高，射流是在水下进行，因此防臭、防溅水、防异味，不足是用水量大。从迅速带走污垢、减少细菌残留的卫生性考虑，虹吸式完胜。

2 直冲式

直冲式坐便器是利用水流的冲力来排出脏污，池壁较陡，存水面积较小，冲污效率高，容易冲下较大的污物，在冲刷过程中不容易造成堵塞，比虹吸式省水。它的最大缺陷就是冲水声大，由于存水面较小，易出现结垢现象，防臭功能也不如虹吸式。

选购技巧

致密性越高的产品光泽度高，就越容易清洁卫生。可以用钥匙或者圆珠笔划釉面，用布擦看能不能擦掉，不用洁厕灵用牙膏或是洗衣粉能擦掉的釉面是质量好的。把手伸进排污口，摸返水湾是否有釉面。釉面差的容易挂污，合格的釉面一定是手感细腻的。可重点摸釉面转角的地方釉面薄在转角的地方就会不均匀，摸起来就会很粗糙。

保养常识

马桶冲水后如果发现有残迹，一定要及时用马桶刷清除干净，否则容易滋生霉菌和细菌。应用尼龙刷和专用清洁剂清洗来清洗马桶，严禁用钢刷和强有机溶液，以免破坏釉面。不少人冬天喜欢在马桶上套个绒布垫圈，这样更容易吸附、滞留排泄污染物，传播疾病的可能性更大。

抗菌马桶的原理

抗菌马桶采用陶瓷专用釉药，以纳米技术在陶瓷表面形成离子隔离层，当污垢接触到隔层的瞬间，离子力层及时将其弹出，不易挂沾，彻底杜绝污垢黏附，防止细菌或霉菌的产生，清洗更容易。抗菌马桶随着时间的递增效果也会逐渐减弱，大约可维持3年左右。

33 水龙头起泡器，能让面盆更整洁

❓ 难题解疑

1. 给水龙头安装起泡器有什么好处？　　　　　　　解答见 P.137

2. 起泡器需要清洗么？　　　　　　　　　　　　解答见 P.137

3. 龙头使用的时候水流到达盆底会溅水，是什么原因？　解答见 P.137

再好的陶瓷也耐不住长时间的水泡，特别是很多人对于水龙头和水盆的搭配不精心选择，随意的使用长度和面盆深度不符的款式，使得洗脸、洗手后台面湿漉漉的，时间长了以后面盆表面就会变黄，排水孔四周出现一圈黑色。如果选择了错误的水龙头，可以安装起泡器来解决溅水的问题。

安装了起泡器的龙头，水流会自动分流，水压也会减小，到盆底的时候就不会溅出。

有的龙头自带起泡器，如果没有可以自行购买而后安装在龙头上。

产品功效

1 省水

起泡器可以让从龙头流出的水和空气充分混合，从而形成发泡的效果，起泡后可以提高水流的冲刷力，水与物体的接触面也增大了，意味着可以用更少的水洗更多的东西，从而减少用水量。安装了起泡器的水龙头，比没有该装置的龙头要节水约50%，一般高档的水龙头水流如雾状柔缓舒适。

2 防溅

混入空气后水流柔和，冲击力降低，缓冲后的水柱均匀，水柱垂直降低喷溅。

3 顾虑杂质

多层滤网能过滤大多数泥沙、杂质，内部网格可以过滤大颗粒的杂质。

4 恒定出水量

带有压力补偿或限流装置（常见于花洒）能在水压过低时保证一定出水量，在水压过高时限制出水量，在水压不稳时稳定出水量。

保养常识

起泡器的一个作用就是过滤杂质，如果水质不好，使用一段时间难免就会堵塞，可以通过清洗来解决。首先用小起子伸进发泡器边框缝隙用力顶撬，打开最上面的塑料卡顶网，取出中间的4个不锈钢网，用醋浸泡后，用小毛刷或其他工具清洁杂物，然后冲洗干净，再按照拆的顺序装回去。

龙头溅水的主要原因

在使用面盆时，有的会出现水流溅出到台面上或者身上的情况，这并不是水龙头或面盆安装方面的问题，而是龙头出水强度与面盆深度不符而导致的，浅面盆搭配出水量猛的龙头，水流到达底部的时候仍然非常具有冲力，所以水就会飞溅出来。在选择龙头的时候，应结合面盆的深度进行选择，若面盆很浅，就选择出水比较缓和的款式；如果面盆够深，选择水流快且冲的才不会有水溅出。

34 浴室柜防潮要重视，避免水汽堆积

　　浴室柜属于卫浴间中几乎必备的家具，而放在卫浴间经常受到水汽的侵蚀，所以家具就需要特别注重防潮性能，否则就很容易出现变形、封边开胶等现象，甚至还会出现难以去除的霉菌，成为家居中的卫生死角。所以选择浴室柜首先应关注柜体、柜门材料的防潮性，而后再选择款式和大小。

大多数人在选购浴室柜的时候最为关心的都是款式和价格，很少会关心材质，这是一个常见的误区。

类别介绍

1 实木柜

实木类浴室柜是以蒸馏脱水后的实木为基材，经过多道防水处理工艺加工而成的柜体，它包括有集成板、实木仿古、多层实木和橡木四种。集成板由实木集成板材加工而成，外观实木感强，防水性能不错，易加工，但容易变形且含甲醛；仿古实木柜由实木做成，造型很有古典感，缺点是木材处理不好容易开裂，价格高；多层实木抗开裂，抗变形，耐用性好，外观光洁精致，时尚美观，手感舒适，漆面容易被划伤，需要注意保养；柜体坚固，原生自然，不易腐烂，甲醛释放量低等特点，高品质的橡木价格昂贵，普通的橡木易爆裂和变形。

2 发泡 pvc 柜

材质基本不吸水、不发胀、不变形，重量较轻可以随意搬动。防水性能好，表面烤漆处理，颜色和光泽度非常鲜艳，适合喜欢时尚感的人，在同类浴室柜原材料中成本偏高。缺点是材质偏松软，回弹性差，怕高温，易变色。

3 水晶柜

水晶板是一种胶板，也叫有机玻璃，可弯曲，表面亮丽光滑，颜色多样，表面防水，可粘贴到防潮复合板或中纤板上。水晶柜制作工序较多，柜体连接结实紧固、结构严谨，同时柜仍可抗弯曲和收缩，并具有不褪色、细腻平滑手感好等特点。

4 铝塑柜

由铝塑板、铝条及防潮板加工而成。其特点与水晶板相似。

5 金属柜

金属柜有两种材料：不锈钢柜铝镁合金。不锈钢浴室柜多采用 202 或 304 不锈钢板材制成，一般不锈钢的耐蚀性、强度、塑性相对较弱、价格便宜。铝镁合金型材是目前较为流行的浴室柜主材，它坚固不变形，表面经过特殊的氧化处理，不会形成二次氧化，不变色，100% 防水 100% 无醛，非常耐用。

选购技巧 🏠

1 看防潮、防水性能

卫浴间有水分含量高、通风性差及使用空间狭小等特点，在选购浴室柜时选择具有防水性能好的材料。这样在可以获得更长的使用时间。目前市面上浴室柜板材防水性排位大致为：铝镁合金柜、pvc 低发泡板、实木橡木柜、水晶板、铝塑柜、不锈钢柜。从美观性来说实木浴室柜及铝塑柜较高档。

2 看环保性

不论选择哪一种材料的柜体，首先应查看销售厂家的各种证书，关注其环保指标，看是否达到国家标准。从制作方式上来说，在合格范围内，橡木实木柜和金属柜的甲醛含量最低，可以根据家居风格具体选择。

3 看做工

浴室柜是卫浴间中的主要家具，除了实用还起到装饰的作用，在选购的时候还应注意做工，看外貌是否清新，轮廓是否分明，需要特别注意一些细节，例如柜门和抽屉的缝隙是否平直，五金是否能够顺利实用，柜体表面有无明显缺陷等。

保养常识 🏠

为了避免水汽的侵蚀，可以在柜体与柜门接触的地方，安装防撞功能的橡胶条，即可消除关门的噪声，又可阻断潮气。浴室柜长被淋上水，有一些水渍难以去除可以用湿布盖在浴室柜上的印痕，用电烫斗小心按压湿布，水渍的痕印即可消失。平时以干净的软布清理，注意顺着方向擦拭，以免造成刮痕。

没有浴室柜可在墙上挖洞

小卫浴间使用立柱盆、壁挂盆类的面盆是不需要浴室柜的，所以没有存储的空间，可以将墙面的空间利用起来，在墙上挖洞用瓷砖粘贴，这种浴室柜最耐用，不会坏，完全不怕潮湿，还可以冲洗，非常实用。

第四章

施工要避毒

装修过程中，
尽量选择环保施工

01 木作及喷漆 = 甲醛及粉尘，尽量减少现场施作

选择在施工现场制作木工柜，在框架制作完成后，必然要进行饰面的涂装，通常有木器漆和混油漆两种方式，无论是进行哪一种漆的涂装，只要是施工步骤增加了，都会有增加污染物的危险。涂装的方式可以分为喷漆和刷漆两种，除了常规的污染物，还会增加粉尘污染，所以减少现场木作才是避免有害物侵害的最有效方式。

木工柜是由板材框架、饰面层和涂装层组成的，除了板材＋漆的污染，喷漆涂装还会产生大量的粉尘，刷漆涂装也会进行打磨，也会产生粉尘。

类别介绍

1 无需涂装

包括购买的成品和系统柜都不需要在施工现场进行涂装，而是在工厂已经完成加工，到现场后进行组装即可，大大减少了施工过程中带来的粉尘以及甲醛污染，即使合格产品中还有少量有害物，也可以靠其他手段来去除。

2 刷漆木工柜

此种施工方式使用的时间比较长，是最早的涂装方式。漆膜覆盖性更好，但是会有明显的刷子或者滚筒的痕迹，好修补。施工中需要进行打磨 4 次左右，有粉尘但比喷漆要少很多。

3 喷漆木工柜

喷漆需要使用喷枪施工，对施工人员的手艺要求较高。优点是厚薄均匀，平滑度好，干得快，但修补多为刷漆补漆，影响效果。喷漆喷洒的面积大，很容易沾染到其他物体上，造成粉尘污染，同时还会加重甲苯 TVOC 的污染。与刷漆一样，都需要打磨 4 遍左右。

选择技巧

现场制作家具需要有充足的时间来监工，在现场让施工人员制作家具对施工人员的手艺要求较高，还要有丰富的经验，否则很容易出现粗制滥造的现象，还可能出现工人实际无法操作但以经验丰富为借口而私自更改设计图的情况。选择哪一种施工方式的家具可以从各方面结合考虑，如果环保为先，而且没有充足的时间监工，建议采用少污染的系统柜；如果从个性角度出发又有充足的时间晾晒不那么在意污染，可以选择刷漆或喷漆。

现场制作在意效果可将水性漆和油性漆结合

目前饰面上的水性漆涂装效果都不如油性漆，有些业主可能习惯性的会选择油性漆，或者特别在意涂装效果所以选择油性漆。为了减少有害物质散发又同时能够保证效果，可以将油性漆和水性漆结合。家具外面容易磨损的面层使用油性漆，保证涂装效果，内部使用水性漆，特别是大型的衣柜、储物柜等，因为内部通风较差，有害物质的挥发较慢，用水性漆更安全。

02 地板用直铺法，可使甲醛少一层

❓ 难题解疑

1. 地板的铺设一共有几种施工方式？ 　　　　　　　　解答见 P.144

2. 哪一种地板的铺设工法最环保？ 　　　　　　　　解答见 P.145

3. 三种主流木地板从各方面比较各有什么优势？ 　　　解答见 P.145

　　木地板的使用率越来越高，从工法上来说，木地板可以分为平铺法、直铺法和架高铺设三种方式，根据地板种类的不同，需要采用不同的工法，但从环保角度来讲，用直铺法是最为环保的做法。

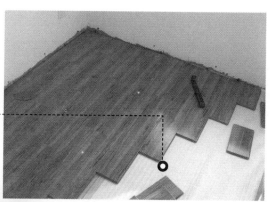

　　地面只铺一层防潮膜，不需要再加铺其他底板、龙骨就是直铺法，"加料"少所以污染少。

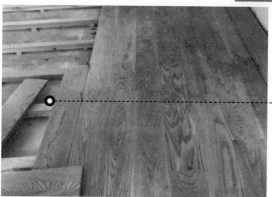

　　地板底部先铺防潮膜，而后需要打一层龙骨，这种做法就是架高铺法，多用于实木地板。

类别介绍

1 平铺法

如果原有的地面不够平整或者地板安装的时候需要下钉，就要在防潮布上再加铺一层多层板，然后再铺地板，这种做法就是平铺法。大部分的实木多层复合地板和实木地板都采用这种方式铺设。它多了一层人造板，还可能会多用胶，就多了一层污染源。

2 直铺法

地面足够平整，就可以采用平铺法进行施工，具体做法是线铺一层防潮垫或防潮布（前者效果更佳，还可吸音），然后直接铺木地板。这种做法需要注意防潮垫一定要铺完整，中间不能有空隙，最好是大块的防潮垫。

3 架高铺设

架高铺设需要在铺完防潮垫后，先在地面上打一层龙骨架，再加上一层多层板，最后再铺木地板。不仅多加了一层板材还多加了一层龙骨，是最不环保的一种铺设方式。

三种地板的对比：

类型	主要材质		铺设方式	优点	缺点
实木地板	全实木		平铺或架高铺设	触感佳，有自然木香	易变形，需要保养
实木多层复合地板	底材：多层板	面材：实木皮	平铺	防潮能力与稳定性佳，不易变形	表层耐磨性差，缝隙易藏污垢，耐磨型价格高
强化复合木地板	底材：高密度板	面材：三氧化二铝耐磨层	平铺或直铺	表面耐磨、耐撞	质感差，表面多为染色品

选择技巧

如果注重地板铺设方面的环保性，可以结合地板的类型进行具体的选择，实木地板从材料角度来说是最为环保的，但铺设需要采用平铺法或者架高铺设，具体选择哪一种方式应根据场地的情况来决定，如果地面比较潮湿，只能架高铺设；如果地面干燥并且平整度好就可以平铺。实木多层复合地板环保性略逊于实木地板，但铺设方式采用直铺法很环保，所以整体来说与实木地板差不多。强化复合地板是完全的人工产品，采用平铺或者直铺，所以属于三者之中环保性比较低的一种。

03 地板锁扣型施工法，少胶少甲醛

❓ 难题解疑

锁扣地板是通过锁扣连接的，锁扣就是通过倒榫的物理力作用将地板块连接起来的一种结构，锁扣的锁力主要取决于地板企口与舌榫的连接，一般情况下，锁扣地板可承受 450kg 以上的拉力。在铺装过程中，彻底免钉、免胶、免龙骨，直接铺设于地面，可以重复拆装利用，经济实用。

锁扣地板分为"一公一母"，一片是外凸槽，一片是内凹槽，靠插接方式来连接。

这种方式拼接的地板缝隙非常严密，而且可以减少胶的使用量。

类别介绍

1 Ｖ形槽地板

Ｖ形槽采用的是 4 面 Ｖ 形倒角，是最科学的槽线制作方式，铺装后立体感和实木感都比较强，更具有原木的感觉。过去的 Ｖ 形槽是 90° 倒角，容易藏灰，现在新版的 Ｖ 形槽只是 30° 倒角，即有立体感的实木效果，又不容易藏灰。

2 Ｕ形槽和Ｒ形槽

这类槽采用的是模压一次成型方式制作的，很容易崩边。如果原有地面找平不佳铺装后就有很明显的高差，且边角容易崩边。这类地板都是一次性模压，工艺要求不高成本低。

3 多重锁扣

这类地板的锁扣大多都属于 Ｕ 形槽和 Ｒ 形槽，多重锁扣属于一些厂家或是商家的炒作行为，跟实际使用没有必然联系，并不是锁扣越多质量就越好。

产品功效

1 物理性能稳定，铺装效果好

与普通方式铺设的地板相比，锁扣地板基材的密度、膨胀度和相对湿度等物理性能应保持稳定。铺装更简便、接缝更紧密，减少了手工铺装的误差，不存在局部隆起、变形的问题。

2 铺装不用胶，减少污染

普通平口强化木地板在铺装时需用胶粘剂连接，但胶粘剂含有甲醛等化学成分，用多了容易造成室内污染，用少了又怕连接不牢固。锁扣地板由于锁力的作用，即使免胶铺装。

选择技巧

地板锁扣的牢固、稳定、持久，主要在于锁扣的倒角面积与角度及加工精确度，基材韧性等因素决定的。单锁扣只要结构合理，就足以防止地板接缝的开裂。多个锁扣在倒角的面积和角度有可能达不到理想指标，这样的结果可能适得其反。有些商家为了突出自己产品锁扣的功能优良，给人们造成锁扣级数越高，质量越好的印象，这属于忽悠的做法。

04 加一层防潮布，杜绝潮气与柜子的亲密接触

？难题解疑

> 1. 衣柜靠的墙临近卫浴间加铺防潮布可以避免受潮么？　　　解答见 P.148
>
> 2. 还有什么办法可以避免衣柜受潮？　　　解答见 P.148

　　很多业主会选择将制作的大衣柜与墙面固定，使其更稳定，效果更整齐。然后这一步并不能随意地操作，如果不按照规范操作会导致衣柜迅速地变形。如果柜子受到潮气的侵蚀，很容易变形甚至是变质，为居室带来污染，如果居于潮湿的地区，可以通过一些施工方式来减少受潮的几率。

　　在衣柜后方加一层防潮膜，能够减少衣柜受潮的几率，避免污染衣物。

　　防潮膜的价格很低，但这种做法却很有效，可以请安装师傅帮忙。

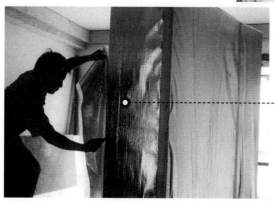

类别介绍

1 安装木条

将柜子的背板与墙体连接时，应在背板的两侧分别安装一条木线固定，使柜子与墙体之间留一定的中空距离，防止界面的膨胀系数不同而开裂、变形。千万不要因施工人员贪图省事，而将木板直接固定在墙上，这样处理可以降低柜体受到潮湿墙面的影响。

2 加防潮膜

柜子的背板部分直接贴着墙壁，非常容易受到水汽的影响，可以在背板后方粘贴一层防潮布，价格很低，通常会含在柜体的设计费用中，如果材料送到现场时有这个部分，记得提醒施工人员加上。特别是柜体后墙的另一侧是卫生间的时候，加一层防潮布可以避免使柜子受潮。

3 加做柜脚

在做柜子的时候，加做柜脚，可以避免底板大面积的直接接触地面，能够避免柜子底部受潮，遇到地面不平的情况，还可以通过柜脚调整柜体的高度差，觉得不好看可以包踢脚线。

4 底部放活性炭

在给柜子加做了柜脚之后，柜子底部就会距离地面通常会有一段距离，可以在这部分放一些活性炭或者石灰，吸走柜子底部的潮气，避免潮气从下方侵蚀柜体。

5 实木柜涂保护蜡

实木衣柜出厂前经过了严格的干燥处理程序，实木的含水率很容易受环境的影响，非常容易受潮。可以用木衣柜专用的保护蜡或专门的清洁剂均匀地涂在实木衣柜表面，然后轻轻擦拭，在实木衣柜表面形成一层保护膜保持家具光泽并防潮。

6 皮衣柜涂油

皮质衣柜的皮革受潮后会遇到温度变冷或火热会变硬，在一些较不通风的地方还会出现霉点。可以在皮料的表面抹上保养专用的貂油、绵羊油、皮革油等，来防潮防霉还可以软化皮质，还可以在内部适当放一些干燥剂来保持干燥。

05 施工集尘妙法，减少现场粉尘

❓ 难题解疑

1. 现场施工的粉尘都来自于哪些方面？   解答见 P.150
2. 可以采用什么方式来减低粉尘的飞扬？   解答见 P.151
3. 现场监工的时候需要怎么避免吸入粉尘？   解答见 P.151

　　木工活儿产生的粉尘基本上来自于家庭吊顶石膏板的切割、木工板材的切割等装修程序。相对来说，板材裁切时会产生很多粉尘。此外，在铺设地板的过程中，也极易产生粉尘。大量的细微木屑很容易附着在墙面、天花板或者卡在家具、地板的缝隙中，很难彻底的清理干净。如果必须进行现场施工，可以通过一些施工做法来减少粉尘，例如使用吸尘设备或制作无尘工作间。

　　在实施锯木的工床下方，安装一个集尘设备，可以将木屑吸走集中起来，避免到处飞扬。

　　使用集尘设备不仅会减少现场粉尘，对木工的健康也有好处，可以要求对方使用这种集尘设备。

类别介绍

1 集尘器

集尘器可以购买也可以自制，放在切割板块的木工机床下方，在进行板材加工时，可以将所有的木屑通过旋涡机吸走集中到收集器中，最后统一处理。如果在现场制作家具可以跟工长要求一下，毕竟减少粉尘对木工自身的健康也有好处。

2 自制无尘工作区

如果是全屋装修，施工人员要跟粉尘共存 8h 左右，如果是局部装修，在其他家具不搬动的情况下，即使关闭门也难免粉尘从缝隙中飞出来，侵害其他空间。如果施工方没有集尘设备，还可以制作一个无尘工作区，来隔离粉尘，将粉尘污染减到最低。可以选择一个区域，用软塑料布和胶带制作一个相对的隔离区，控制粉尘，避免扬尘。

3 砖墙刷防水剂

如果是对老房进行改造或者用红砖、青砖在室内加砌隔墙的时候，裸露砖的本色是一种非常个性的手法，也经常被使用，不过不进行表面装饰的砖很容易吸尘，时间长了可能会风化，而产生细微的粉尘，污染家居环境，可以在砖墙的表面涂刷一层防水剂，保护砖墙，避免风化。

4 使用地固，封锁地面粉尘

如果地面和墙面的粉刷施工不到位，很容易造成后来的空鼓、开裂、起沙等，这是造成粉尘污染的一大原因。可以对水泥层进行加固，使用地（地面固化剂），它能够渗透水泥地面，封锁地面松散颗粒，便于装饰材料与地面的密切结合，有效防止地砖的空鼓现象，同时便于地面的清扫。

5 石材在工厂加工

在瓦工的施工过程中，切割地砖、石材也会产生粉尘，特别是在安装有大理石台面的橱柜、铺贴墙砖地砖的过程中，粉尘污染最为严重。地砖没有办法过于精确，切割无法避免，可以集中在一个房间中切割。如果使用的是大理石，可以在工厂完全切割好以后到现场直接安装铺设，这样就可以很好地避免施工现场的二次污染。

06 防水层 + 泄水坡，浴室防潮基本功

❓ 难题解疑

1. 卫浴间的防水层主要作用是什么？　　　　　　　　解答见 P.152

2. 泄水坡是什么，有什么具体作用？　　　　　　　　解答见 P.153

3. 防水层施工结束后，怎么才能知道有没有渗漏的地方？　解答见 P.154

　　与浴室相邻的墙面如果出现开裂、掉皮甚至是发霉、长毛的情况，多数的原因是由于浴室墙面的防水没有做好导致的。防水层做的不好，用水后水汽和潮气时间长了就会通过墙壁渗透出来，造成墙面另一侧出现各种问题。

　　防水层的施工非常重要，如果防水层没有做好就会漏水，使自家以及楼下的邻居遭灾，产生需要大动工才能修复的各种墙面问题。

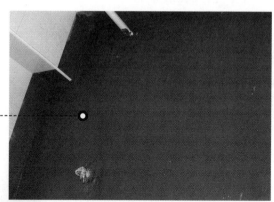

　　防水层并不是刷完就完成了，还需要进行闭水试验来进行测试，保证没有渗漏。

类别介绍

1 防水层

防水层实在卫生间墙、地面找平之后，铺砖之前进行施工的，用防水涂料将墙、地面涂刷，能够避免水渗漏，家居中的用水空间必须做防水处理。

2 泄水坡

所谓的泄水坡就是指卫生间地面的坡度，地漏应为最低点，这样水流可以不用外力自己迅速地流向地漏，让水不滞留地面。卫生间泄水坡的合格坡度为 2%～5%，即距离地漏每增加 1m，高度增加 2～5cm。完成后可用乒乓球放在地面上，以自动滚向地漏为合格。

施工技巧

1 涂刷高度

卫生间的墙体如果是非承重墙，或者没有淋浴房，淋浴墙面防水涂料要刷到 1.8m 高。非淋浴墙面要求刷大约 30～50cm 高的防水涂料，以防积水渗透墙面返潮。

2 涂刷方式

涂刷防水涂料时，第一层统一向着一个方向刷，等第一层没有干透但手摸不会粘手时就应开始刷第二遍，如果完全干透可洒少量水，使两层结合得更紧密。刷第二层时，方向应与第一层相反或垂直。

3 注意边角细节

阴阳角、管道周围要处理成圆弧，利于积水流出。地漏边缘、墙角、管道根部等接缝处建议使用高弹性的柔性防水涂刷，避免接缝移位导致渗水。

4 涂刷要求

施工前确保基层整洁、干燥；施工完毕要求涂料要涂满面层、无遗漏，厚度达到材料说明要求；涂料与基层结合牢固，干透后没有裂纹、气泡和脱落现象。

防水涂料的层数可以根据涂料的特点而具体决定，如果刷两次后还没有完全覆盖住，可以增加层数，但并不是越厚越好，太厚很容易开裂；防水层完工后，要预留足够的时间使其与建筑层更好地结合在一起，而后再进行闭水试验。一旦发现渗漏问题，马上用专业的补缝防水材料修补。在搅拌涂料的过程中，将粉料和液料按照说明比例混合即可，不可加入水或者其他液体对涂料进行稀释。

闭水试验

家庭中所有安装地漏的房间内，在防水层干透后，都需要做闭水试验，这是为了检测防水层是否能够完全防水，如果防水层有渗漏，应该马上修补，否则日后不仅影响自家装修，也会对楼下住户造成影响。具体步骤如下：

步骤名称	操作方式
封地漏	如果地漏预留的排水管较低，首先应将地漏位置的排水口封住，可以将沙子装入塑料袋中，将其堵在排水口上，沙子的颗粒小，且形状可以随意改变，能够很好地防止水留入排水口。
堵门口	如果测试房间与外面房间的地面等高，用水泥将门口封住，水泥干了以后再做实验，这样可以防止水流入其他房间中。
放水	水要将整个房间的地面盖住，高度为2cm左右，这样可以避免水分蒸发。放水时，与水流直接接触的地面建议放遮挡物阻挡一下，以免水压破坏防水层。
观察	等待时间不能小于24h，之后观察楼下有无渗水，若没有渗水现象则防水合格。

如果卫生间内的地面泄水坡没有做好，就会出现洗完澡水流淌不尽需要手动扫除的现象，非常不方便，还容易使坑洼部位的瓷砖染上水渍印，也使浴室干燥的速度被拖慢，久之就容易生霉菌。泄水坡没有做好的原因有三个，在施工的时候可以重点监工，一是找平层处理的不佳，从基层就出现了问题；二是工人在铺砖的时候技术不达标或者不专心，导致瓷砖部分的坡度与底层不符；三是瓷砖本身的质量不佳，面层不平。

第五章

室内软装要防毒

家具、饰品需留心，
不让漂亮的外表蒙蔽双眼

01 交房晾一周，室内空气净化方式大比拼

难题解疑

1. 新居装修后，去除有害物的方式有几种？	解答见 P.157
2. 哪一种去除有害物的方式能从根本上解决问题？	解答见 P.157
3. 去除有害物的工法中有会造成二次污染的么？	解答见 P.157

　　想要减少有害物质在室内的停留时间，通风设计是至关重要的。好的通风能够在装修完成后帮助迅速的带走有害物质，并让室内的空气处于一种良好的循环状态中，比起其他一些的方式来说好的通风是长久解决污染的根本方法。在装修完成后，将所有的柜子全部敞开，并开门、开窗，晾晒一周让毒物尽快挥散。

良好的通风设计能够把居室中的有毒物质带走，才是健康无毒家居的彻底解决方案。

现在流行的家居空气净化主要包括了通风、过滤法、臭氧法、吸附法、化学方法、光触媒以及植物去味法,它们的比较如下:

名称	使用物品	原理	优点	缺点
通风法	居室内的门、窗	用空气流动带走有害物	最根本、长久的解决污染的办法	受周围环境和自然气候影响
	吸风设备	用机器迫使室内气流运转,带走有害物	通风不佳的户型能够采取的最有效办法	可能存在安装条件限制
过滤法	甲壳素	过滤	适用于给板材类材料去除甲醛	在使用板材前就需要先进行
臭氧法	臭氧机	利用强氧化性去除有害物	无二次污染	操作时不能留人,臭氧有毒性
吸附法	活性炭、玛雅蓝	利用它们结构中的孔洞吸附,玛雅蓝还有弱电性能够锁住有害物	没有使用条件限制	活性炭使用寿命短,玛雅蓝价格高
	除甲醛墙漆	墙漆内含有能够吸附有害物的原料	使用部位有限	施工条件有限制,例如气温和湿度,不达标施工影响效果
	硅藻土	硅藻土有孔洞,可吸附有害物质	使用部位有限	吸附饱和后容易出现二次污染的情况
光触媒法	光触媒	分解有害物	安全,分解物也无害,是一种优良的除甲醛材料	光越强效果越佳,没有光不起作用
化学法	甲醛捕捉法	吸附和分解同时进行	作用时间短	饱和后容易造成二次污染
	甲醛吸附纸	分解甲醛	只适合木质家具	作用面积小
	二氧化氯分解液	分解甲醛	整个居室都可覆盖消毒	人需要躲避
	TVOC 分解液	分解 TVOC	能够分解 TVOC	未知
植物法	绿色植物	吸附后通过光合作用分解	适合污染不严重的情况	作用有限,植物需要保证能够进行光合作用

02 选寝具，注意甲醛检测和荧光检测

很多人在选择寝具套组的时候，都会关注花色、价格，关注产品的级别和是否含有有害物质的却很少。实际上甲醛等有害物不仅存在于装修材料中，劣质布料中也含有甲醛，甚至是荧光剂。

大部分的寝具都经过染色处理，劣质产品中的有害物质就可能会超标。

家纺是有等级的，最低应达到 B 类，高品质的可以达到 A 类，做到婴幼儿服装用品的标准。

寝具

●有毒来源。 寝具的原料在种植的时候使用的杀虫剂、化肥、除草剂等，这些有毒有害物质残留在纺织品服装上，会引起皮肤过敏、呼吸道疾病或其他中毒反应，甚至诱发癌症。加工制造和后期的印染、整理过程中，使用的各种染料、氧化剂、催化剂、阻燃剂、增白荧光剂、树脂整理剂等多种化学物质，这些有害物质残留在纺织品上，使纺织品及服装再度蒙受污染。总的来说，寝具中容易含有偶氮染料、致敏性分散染料、致癌染料、游离甲醛、可萃取重金属、氯酚及邻苯基苯酚、可挥发性化学物质以及荧光剂等。

●控制方法。 我国于 2003 年 1 月 1 日起实施强制性标准 GB18401-2001《纺织品甲醛含量的限定》，对纺织品（包括面料和辅料）中所含的甲醛进行了严格的限制，与目前国际通行的实际控制标准基本一致。挑选寝具时，除了要关注安全类别外，还应关注有害物是否符合国标要求。

类型	甲醛含量限定值（mg/kg）
婴幼儿类	≤ 20
直接接触皮肤类	≤ 75
非直接接触皮肤类	≤ 300
室内装饰类	≤ 300

选择技巧

现在很多人会选择网购寝具，网购的弊端就是不能触摸和查看产品，这里有一个简单的判断方式，跟商家索要产品标签的照片，查看上面的等级分类，达到 A 类的是级别最高的，正常情况下也应该达到 B 类，如果是 C 类就不能作为寝具使用。虽然国标对与寝具中的甲醛含量做出了明确要求，但其他有害物却没有明显的标准，所以还是建议不要只图价格低，选择大品牌要更安全一些。

用简单的紫外线灯来检测荧光剂并不靠谱

最近曾爆出了女性卫生用品荧光剂严重超标的新闻，导致非常多的人购买了紫外线灯来测试荧光剂，这些设备有的才几元钱，实际上这种做法并不靠谱。用紫外线灯的方法不能判定是否含有荧光增白剂，只能说有荧光发应，出现荧光反应与添加有荧光剂是两回事。目前就荧光剂是否有害是存在争议的，非常在意这方面，可以向商家询问有无做过荧光剂测试，并要求对方出具报告，看是否超标。

03 防螨虫，皮、木沙发优于布艺沙发

❓ 难题解疑

1. 我家里有上呼吸道过敏患者，用布艺沙发合适么？　　　　解答见 P.160

2. 沙发从面料分类有几种？　　　　解答见 P.161

3. 不计价价格，兼具舒适感和卫生性的是哪一种沙发？　　　　解答见 P.161

沙发可以说是家中除了床以外使用频率最高的家具，无论是家庭小聚还是朋友来访，都会聚集到客厅中交谈，所以沙发的品质格外重要。沙发属于比较大件的家具，很多家庭都会在用坏了以后才更换，由于使用的人多，如果使用布料的沙发很容易残留螨虫和灰尘，对体弱的人来说尤其不好，如果家里有过敏人士或者老人和孩子，最好使用木料或者皮料沙发。

皮沙发与布沙发的舒适程度类似，但不容易积灰和螨虫，是替代布艺沙发的好选择。

类别介绍

1 布料沙发

采用框架包裹海绵表面用布料装饰的沙发款式，海绵材料有很多孔洞，加上布艺表面非常容易吸灰，即使经常清洁也难以去除内部的灰尘，就很容易滋生螨虫。

2 皮质沙发

采用框架包裹海绵表面用皮料装饰的沙发款式，背部同样有海绵，但皮料对比布料来说，不容易被灰尘渗透，如果家有体弱者特别在意灰尘，可用皮质沙发代替。皮沙发分为真皮和人造皮两类，真皮沙发相比人造皮革来说，装饰效果和舒适度都更好一些，只要不去用硬物划动就不会被损坏，但价格较高。

3 木质沙发

以实木或者人造板为主材的沙发款式，实木沙发比起其他两种来说最不容易积灰，即使落在表面擦拭即可清理干净，不会进入木质结构内部，所以不容易生螨虫。但木质沙发并不是适合所有的家居风格，而且比较硬，好处是如果选购一套做工精细的实木沙发可以作为艺术品流传下去。

选择技巧

从卫生角度来说木质沙发是首选，实木的环保性还由于人造板家具；结合卫生角度和舒适性以及适用风格来说，皮质沙发是首选，但价格略高一些；从性价比、使用风格以及舒适度来说，布艺沙发有优势，如果家中没有过敏人士，可以选择此类。挑选时，建议选哪些面层能够拆卸清洗的，即使是健康的人，螨虫也是一种非常恼人的寄生虫；买回去后还可以定制一套布套给沙发，做双重保险。

保养常识

纯实木家具有一个问题就是很容易受到湿度的影响，相对湿度 35%~40%，是实木家具最理想的安放环境，可以在室内放一个湿度计，过高或过低的时候进行调节；不要让家具长期受到阳光直射，持续暴晒时，表面会产生细裂缝或导致褪色、变黑，可以用窗帘遮挡。

04 实木家具，卡榫结构毒物少

❓ 难题解疑

实木家具的制作方式有两种：钉制和卡榫。实木家具虽然最为环保，但在制作的过程中，不同厂家的处理方式不同，可能会使用护木漆、隔热漆等，制作形式如果采用钉制法难免会使用到胶，所以购买实木家具除了应询问清楚使用漆的类型外，还应注意观察转角处的结构，卡榫拼接的有害物会更少。

钉制的实木家具为了更结实会使用胶，而实木家具是成品消费者难以看到胶的品质，所以选择卡榫结构更安全。

很多实木家具为了舒适，都会搭配沙发＋布料的坐垫，这部分应经常清洗、晾晒，避免累积灰尘。

类别介绍

1 纯实木家具

完全由实木制作的沙发类型，材料未经再次加工，不使用任何人造板。木料种类很多，常见的包括有水曲柳、榉木、橡木、桦木、杉木、核桃楸、黄菠萝、榆木、枫木和红木等，制作方式有钉制和卡榫两种，高档手工品多为卡榫制作。其中最珍贵的是红木家具，价格高具有收藏价值。

2 仿实木家具

主要指用实木和人造板混合制作的家具，框架部分多使用人造板，面材使用实木装饰，环保性不如纯实木家具，多为仿制品。

选购技巧

1 询问材料

如果计划购买的是纯实木家具，在选购的时候一定要问清楚原料，避免买到仿实木的制品，有些厂家为了利润非常会混淆概念，最稳妥的做法是选择历史久一些的大品牌，比较有保障。

2 看表面辨真假

选购实木家具还应注意观察表面，看家具面板上是否有清晰的木纹，如果背面有同样的花纹，就基本可以确定为纯实木。还有一个方法是看节疤，在板面出现疤痕的地方，如果木板正反两面都有同样的疤痕，则可确认为纯实木家具。

3 询问结构

如果是价格高一些的纯手工制品基本上都采用的是卡榫结构，这是最原始的家具制作方式，虽然没有任何胶、钉，但是却非常结实、耐用，很多明清时期的木质家具质量甚至比现在的还好。如果价格是中档次，就需要问一下销售人员，尽量选择卡榫结构的。

4 看做工

选购实木家具还应注意检查木板、抽屉的木质是否干燥、洁白，质地是否紧密、细腻，是否有刺激性气味；木板表面加工工艺是否精细、面板是否平滑，是否存在毛刺，颜料涂刷是否存在裂痕或气泡。不好的实木家具木材，颜色多发红，颜色和款式都显得老气。

05 染色皮沙发，苯染色方式有保障

？难题解疑

1. 皮沙发的染色方式有几种，那种更环保？　　　　　　　解答见 P.164

2. 皮沙发的皮料有哪些类型，各有什么特点？　　　　　　解答见 P.165

3. 我在意环保不在意价格，怎么选能确保皮沙发的质量？　　解答见 P.165

皮料沙发都会经过染色处理，原皮基本上没有办法直接使用。皮料制作家具最多的是使用牛皮，牛皮的染色方式可以分为涂料染色、苯染色和半苯染色三种方式，后两种染色方式制成的皮料比较有保障。

苯染色和半苯染色采用的是天然植物单宁酸水性然染，更安全。

类别介绍

1 原青皮沙发

皮胚经过精心挑选，张幅大、韧度高，伸缩性强、质感好、伤痕少。加工过程要求严格，不补灰、磨革次数少。达到此标准的皮数量少，因此十分珍贵。此类沙发无论外形质量均近乎完美，舒适感极强、风格大气、设计精美，价格昂贵。不需染色，最环保。

2 全青皮沙发

全青皮表面会进行轻微的打磨处理，此类皮质会有一些小的伤痕，所以需要进行磨平，只留下淡淡的痕迹。此类沙发毛细孔较细，手感细腻而有光泽，光泽度强，质地柔软舒适，透气好，属皮中精品，设计比较讲究，价格偏高。染色方式多为苯染色或半苯染色。

3 压纹皮沙发

此类沙发的皮料属于半青皮，因为伤痕较多所以要经过多次深磨，再喷多层颜料后，压上粗细均匀的粒纹，以覆盖全部伤痕和毛孔。这类皮沙发表面看不见毛孔、伤痕少、着色均匀、厚薄一致。质地稍硬，易清洁，是目前使用较多的一种材料，价格适中。多为涂料染色，此种染色方式能够完全遮盖伤痕，但会把毛细孔遮住，不透气。

4 裂纹皮沙发

此类沙发皮料也属半青皮，皮的表面几乎没有瑕疵，使用率很高，质地僵硬、透气性差，手摸皮料表面，有一种很明显的腊质感，涂层很厚，经济类沙发多选用此类材料，价格适中。染色方式同样多为涂料染色。

选择技巧

沙发是使用率较高的家具，人要倚靠在上面，所以质量很重要，即使污染不高，但如果长期发散不去日积月累也会对身体造成伤害。选皮料沙发应注重染色方式，选择环保的苯染色或半苯染色，有害物较少，而且进口的较好。

06 沙发泡棉，材质分 TDI 和 MDI

❓ 难题解疑

1. 沙发泡沫棉的主要成分是什么？　　　　　　　　解答见 P.166

2. 除了泡沫棉，沙发坐垫、靠垫还有哪些填充材料？　　解答见 P.167

3. 怎么样综合性的选择环保的沙发？　　　　　　　　解答见 P.167

　　沙发这种家具离不开泡沫棉，即使是实木家具也多会采用一些棉垫增加舒适性。全世界贩售的沙发泡沫棉都是聚氨酯加 TDI 或 MDI 进行胶连反应而生产的塑料类物质，MDI 是毒性比较低的进化产品，填充物是沙发比例较大的部分，其环保性影响整体环保性，建议购买沙发的时候应注意这点。

　　泡沫棉仍然是沙发的主流填充物，大部分沙发都是采用它来填充的。

　　目前还有一些沙发会使用羽绒来填充，但多为布艺沙发。

类别介绍

1 泡沫棉（海绵）

用于沙发填充的海绵主要分三大类：常规海绵、高回弹海绵和乱孔海绵。常规海绵是有常规聚氨酯和 TDI（MDI）为主体生成的海绵，具有较好的回弹性、柔软性和透气性；高回弹海绵是一种活性聚磷和 TDI（MDI）为主体生成的海绵，具有优良的机械性能和较好的弹性，压缩负荷大，耐燃性、透气性好；乱孔海绵是一种内孔径大小不一的天然海藻相仿的一种海绵，弹性好，压缩、回弹时具有极好的缓冲性。

2 羽绒

羽绒一般在高级沙发中使用或者配合海绵使用，优质的羽绒填充材料经过高温消毒，具有透气性强，回弹性好，坐感舒适，温度恒定等特点。

3 人造棉

人造棉做沙发填充物，柔软度极好、坐感舒适，但机械性能差，压缩负荷小，非常容易变形，所以最常用来做靠垫，不适合做坐垫。

选购技巧

1 泡沫棉选 MDI

TDI 和 MDI 的差别在于汗苯喷胶的多少，虽然目前对于 MDI 的低毒性或完全无毒也存在质疑，但以现有的技术来说，两者之间 MDI 更安全一些。在选择泡沫棉沙发的时候，可以与销售方确认一下海绵原料的种类，选择更低毒的产品对健康有利。

2 从综合性能选择

最环保填充物是全羽绒，羽绒处理比较简单，且经过高温消毒，基本上没有添加剂、胶类，最环保和安全，柔软度最佳，非常舒适，价格稍贵但并不是特别高，大部分人群都能够承受。可以从综合性方面来选，例如给布艺沙发搭配羽绒坐垫或者泡沫棉和与羽绒结合的坐垫，环保又舒适；皮质沙发选择苯或半苯染色的种类，搭配 MDI 材质的泡沫棉填充物或泡沫棉和与羽绒结合的填充物；如果没有过敏性疾病，布艺沙发是经济的选择，可以选择羽绒坐垫的款式。

07 床头板，选木料不选布料

? 难题解疑

1. 常见的床头板有哪些种类？ 解答见 P.168

2. 为什么建议选木料而不选布料的床头板？ 解答见 P.169

3. 觉得木质的床头板过硬又担心布料的安全问题，怎么办？ 解答见 P.169

床头板除了美观外还可以让我们更舒适，很多人都由睡前阅读的习惯，靠在床头板上阅读很舒适，床头板使用较多的类型是木料、布料和皮料三种，其中木质的从日常使用较多来讲，是最不容易滋生螨虫、吸附灰尘的。

床头板不用布料，选择木质或皮质，可以避免滋生螨虫。

类别介绍

1 实木床头板

此类床头板由实木制成，有平面的款式也有镂空的款式，平面的比镂空的更好打理，没有藏灰尘的地方，只需要擦拭表面即可。从使用材料的角度考虑，实木床头板是最为环保的一种，实木还带有木头的淡然香气，质感温润，能使人放松。

2 人造板床头板

采用人造底板搭配木纹饰面板或者直接采用免漆板制作，主要是平面款式，镂空的制作比较麻烦。装饰效果与实木类似，但花纹的可选择性更多、价格低。与实木板相比环保性稍差，合格品也会有一些有害物质，但在安全范围内。

3 布料床头板

布料床头板的种类很多，包括麻、棉、天鹅绒等，常规做法是在人造底板上加一层海绵，外层在用布料包裹。床头板的布料无法与寝具和窗帘一样能够清洗，而时间长了以后就会因为吸附的灰尘过多而滋生尘螨甚至是细菌，造成过敏源，对身体造成危害。

4 皮料床头板

皮料的床头板通常也是采用软包形式制作的，即底层有底板和海绵或其他填充物，但皮料比布料好打理，只要经常擦拭就可以去除吸附在上面的灰尘，皮本身有厚度能够阻挡灰尘进入底板，所以从使用过程来比较比布料的要更安全一些。

选择技巧

无论是从制作原料还是使用过程来考虑，实木床头板都是最环保的，实木有一个缺点就是过于干燥的区域容易开裂，喜欢木板的效果就可以用人造板来代替，之后做好除甲醛工作。如果觉得木质床头板不够舒适，还可以加一个靠枕，靠枕方便清洗，这样就可以同时满足装饰性和舒适度的需要。

从舒适角度选择，皮料和木料都是要做软包处理的，所以更柔软，靠上去感觉更好。首选是皮料，坚持要使用布料的床头板，可以让家具厂家或者木工做成布料可以拆卸的形式。

08 100% 乳胶床垫，抗过敏好帮手

? 难题解疑

1. 使用乳胶床垫有什么好处?　　　　　　　　解答见 P.170

2. 乳胶床垫有几种类型，哪一种对身体最好?　　　解答见 P.171

3. 所有的人都适合使用乳胶床垫么?　　　　　解答见 P.171

　　目前市面上的床垫主要有弹簧床垫、棕垫、混合床垫以及乳胶床垫几种，人的 1/3 时间都是在床上渡过的，选择一个好的床垫不仅对骨骼有利，也能够避免有害物的侵害。一些劣质的床垫很容易在内部堆积粉尘、螨虫等危害，而几种主流床垫中，从材质上来比较，乳胶床垫的抗过敏、抗菌性能比较优等。

乳胶床垫有非常优良的承托力，同时具有防菌、防螨虫的特点。

类别介绍

1 100% 乳胶

由 100% 天然乳胶材料制成，没有任何人工化学剂添加，为淡黄色，带有丹丹的橡胶味儿。制作过程中经过其次洗涤程序，没有任何毒性，抗螨、抗菌，对人体有非常好的承托力，含有天然植物性蛋白。

2 合成乳胶

天然乳胶成分占 30% 左右，而后添加人工乳胶（丁苯橡胶）制成的合成乳胶制品，制作过程中可能会添加香料，不能保证完全无毒，承托力佳。

3 科技乳胶

完全的人工制品，由复合化学材料制成，但对技术要求很高，并不是所有厂家都能生产。此类床垫没有天然乳胶的各种优点，不含植物性蛋白，会含有有害物质，承托力差。

产品功效

天然乳胶制品本身有无数的气孔，透气性佳且因气孔的表面是平滑的，螨虫等无法附着，能够减少哮喘和呼吸道疾病的发病率。因乳胶本身还带有独特的香味，还能起到驱虫的作用。天然乳胶弹性极佳且不变形，具有良好的回弹性，具有矫正不良睡姿的功能，同时可清洗。

选购技巧

1 选 100% 天然乳胶产品

使用乳胶床垫是因为它的各种优点，而合成产品这种特点就很微小或基本没有，还会危害健康，建议选购 100% 天然产品。天然乳胶中含有天然植物性蛋白，对蛋白质过敏的人群很可能会对乳胶床垫产生过敏反应，这类人群不适合使用乳胶床垫，据统计越有 8% 的人会对乳胶过敏。

2 看产地

优质的乳胶制品多产于东南亚国家，例如泰国、马来西亚、巴西等地，这些产地的乳胶制品因为历史悠久，所以品质比较有保障。真正纯天然的乳胶床垫手感舒适，摸上去非常嫩滑，用力压床垫，手拿开后马上回弹的质量佳。

09 地毯，能用块毯就不要满铺

❓ 难题解疑

1. 使用块状地毯有什么好处？   解答见 P.172

2. 地毯都有哪些材料的，各有什么特点？   解答见 P.173

3. 从环保角度出发，哪一种地毯性能最好？   解答见 P.173

地毯能够柔化地砖的冷硬感，现在很多使用地砖的家庭都会在客厅沙发区域或者床附近加铺一块地毯，增加舒适感以及丰富装饰效果，兼具实用功能和装饰性。从环保性能来说，块状的地毯铺设时不需要加胶黏剂，且面积小，要优于满铺的形式。

单块地毯不需要固定在地面上，没有胶黏剂问题，但也应每天进行清洁。

地毯的污染除了本身的原因外，还因为它的结构特别容易藏匿灰尘，而产生细菌或螨虫。

类别介绍

1 羊毛地毯

羊毛地毯采用羊毛为主要原料。毛质细密，具有天然的弹性，受压后能很快恢复原状；不带静电，还具有天然的阻燃性。图案精美，有的还具有艺术价值，属于最原始的地毯种类。它不易褪色，吸声、保暖、舒适，环保性高，但价格高，容易受到虫蛀，保养很有讲究。

2 混纺地毯

混纺地毯中掺有合成纤维，比起纯羊毛地毯来说使用性能有所提高。花色、质感和手感上与羊毛地毯差别不大，但克服了羊毛地毯不耐虫蛀的缺点，同时具有更高的耐磨性，保养不费力，不能保证完全没有有害物，价格较低。

3 化纤地毯

化纤地毯也叫合成纤维地毯，它是用簇绒法或机织法将合成纤维制成面层，再与麻布底层缝合而成。耐磨性好并且富有弹性，环保性较低，价格低。

4 编织地毯

编织地毯主要由草、麻、玉米皮等材料加工漂白后纺织而成。乡土气息浓厚，适合夏季铺设，非常透气，能够吸潮气，天然产品不含有害物或者含量基地。缺点是很容易易脏、不易保养，潮湿地区不宜使用，容易吸收湿气过多而变形、发霉。

选购技巧

1 从环保角度选择

这几种常见地毯的环保性能从高到低的排列顺序为编织地毯、羊毛地毯、混纺地毯和化纤地毯，如果家里有老人和孩子，建议选择环保性高的种类，而且勤保养，从材料使用上减少室内的污染源。

2 从功能性出发

天然材料的产品必然保养起来就比较费力，而合成产品多数非常耐磨、耐用而且价格低，如果使用的面积很小，且能够保证室内通风，从实用角度和性价比考虑可以选择混纺地毯或画线地毯。

10 家有过敏者，少用布类窗帘

❓ 难题解疑

1. 为什么说布类窗帘容易引发过敏？　　　　　　　　　解答见 P.174

2. 布类窗帘都有哪些种类，各有什么特点？　　　　　　解答见 P.175

3. 如果计划使用布类窗帘，购买时应注意什么？　　　　解答见 P.175

布艺窗帘是现在窗帘的主流产品，它有很多的优点，而对于过敏比较严重的人群来说，使用布类窗帘就可能有很多隐患，容易发病，建议大面积的部分用百叶帘等木质、PVC 窗帘来代替。

布类的窗帘种类很多，例如棉布、化纤等，如果清洁不及时这类制品都非常容易挂灰而滋生尘螨引发过敏反应。

类别介绍

1 纯棉

具有吸湿、透气性好的优点，但易生褶皱，容易易掉色，水洗会有一定的缩水，材料天然环保，染色剂可能存在有害物。缺点是弹性差、耐性差、耐碱性强，易生霉，但抗虫蛀。

2 麻

原理同样属于天然植物纤维，特点与纯棉类似，突出的特点是抗霉菌性能好，不容易滋生细菌。麻帘表面更光洁平整，结实耐用，富有弹性，透气性好，吸湿散热性强，抗水性能好，不易受水的侵蚀而发霉，很适合潮湿地区。

3 涤纶

涤纶窗帘具有较高的强度与弹性恢复能力，它吸湿性较小，坚牢耐用抗皱，洗后可以熨烫，保养简单，但透通性差、易产生静电而明尘沾污和灰尘，需要勤清洗，不适合过敏人群，抗熔性较差，一点火就着。

4 混纺

混纺窗帘的主要成分有棉、麻、涤纶、氨纶等，它混合了所用材料的优点，垂感好，不缩水，花色多，稳定性好，清洗和保养容易，缺点是环保性逊于天然产品。

5 真丝

真丝窗帘光泽好、效果华贵，吸湿性好，含有天然丝蛋白质有益于皮肤健康。缺点是缩水、易皱，洗涤后易掉色并需熨烫整理，洗涤时要用专用洗涤剂。

保养常识

长期悬挂的布料窗帘是灰尘的聚集地，上面有的大量灰尘、细菌，但很多家庭对窗帘的脏污程度认识不足，导致免疫力低下的老人、小孩经常发生咳嗽、哮喘、过敏性鼻炎、皮炎等病症，所以使用布类窗帘最好3个月清洗一次。包括悬挂布帘的挂钩，也需要擦拭和清洗，否则容易生霉菌。

11 染色窗帘，天然染色健康又无毒

❓ 难题解疑

1. 布类窗帘除了容易吸灰还有哪些容易污染空间的物质？　　解答见 P.176

2. 天然染料和合成染料对比的优点是什么？　　解答见 P.177

3. 天然染料的窗帘与合成染料窗帘对比是比较环保的么？　　解答见 P.177

　　虽然布类窗帘容易吸灰而产生尘螨等过敏源，但目前市面上它的占有率还是非常高的，这类产品还有一个容易产生污染物的部分就是染色剂，即使是纯棉布类，如果使用了不合格的染色剂，也会存在甲醛等有害物超标的情况，手工天然染色的款式是比较安全的选择。

　　手工制作的天然染色的窗帘，多采用天然无毒的燃料，色彩选择多元，具有艺术感。

　　此类窗帘固色性能不如化学染料的产品，容易褪色，使用寿命较短，但天然、健康。

类别介绍

布类窗帘的染色方式有天然染料和人工合成染料两种，各自特点可参考下表：

项目	天然染料	合成染料
原料	天然染料分植物染料，如黄土、青黛、柿子、碳等和动物染料，如胭脂虫等以及各种矿物染料。	合成染料又称人造染料，主要从煤焦油分馏出来（或石油加工）经化学加工而成。
成分组成	天然染料属于多成分组合体，既有色素成分，也有很多其他物质，属于有机染料。	成分单一，属于无机染料。
色彩效果	天然染色产品外观自然柔和，有水洗过的陈旧感。	颜色鲜艳、丰富。
特殊功效	天然染料由于使用染色的植物或动物本身所附带的不同功效具有很多特殊功效，如玉石粉可以释放红外线促进血液循环，不易发霉；而碳可以抗菌除臭净化空气等。	无。
安全性	多为天然产品，无毒害、无污染。	化学合成产品，有的含有有害物质。

选购技巧

从安全角度来讲，天然染料的窗帘更环保、安全、健康，窗帘的使用面积不小，如果家里有体质较弱的人群，建议选择此类窗帘。如果选择合成染料的窗帘，应注意检查甲醛含量值，特别是颜色较深的窗帘，甲醛和染色度会较色浅的窗帘重，更有几率甲醛超标，购买时可以先闻闻有无异味，如果有刺鼻气味最好不要选择。

染色物质不同对色牢固要求不一样

化学合成染料由于有很多不安全因素，所以制成的窗帘对色牢度的要求很高，最低不能低于3级，甚至更高要求达到4级以上，如果选购此类窗帘可要求查看其色牢度检验结果，如果低于合格要求掉色就容易对人体造成危害；植物染色安全度高，即使掉色也不会造成危害，现在虽然还没有一个国际标准限值等级，但基本上要比合成染料低半级到一级，也就是2.5级以上即可。

12 百叶窗，透气通风又健康

? 难题解疑

1. 百叶帘有什么优点？ 解答见 P.178
2. 百叶帘一共有几种，哪种保养最简单？ 解答见 P.179
3. 挑选百叶帘应注意哪些方面的问题？ 解答见 P.179

在白天想要保有隐私性又同时不影响通风和采光，使用百叶帘是个不错的选择，它的材料多为木质或金属，无毒或少毒，同时很容易打理，不容易藏匿灰尘，安全又健康。

百叶帘的百叶可以调节角度，打开百叶的时候并不会影响通风，同时与纱帘不同的是从室外不能看到室内的景象。

百叶帘有竹木、铝合金、朗丝等材料，都很环保，并且保养简单方便。

类别介绍

1 竹木百叶帘

竹木百叶窗帘的原料是上等的竹料或者木料，用它们来制作百叶的叶片，制作过程很讲究，经过蒸气干燥、杀菌、剖片、分选、上漆等几十道工序加工而成。此类窗帘颜色自然、温润，效果古朴典雅。原材料及加工过程都非常环保，基本上不存在有害物质，是环保型窗帘。

2 铝合金百叶帘

铝合金百叶窗帘主要原料为铝合金材质，此类百叶窗造型简约，具有调节光线、改善视觉舒适度、改善室内空气流通、改善热舒适度、提升私密性、节省能耗的优点。弹性好、强度高、不易变形，基本不需要特别保养。

3 朗丝百叶帘

朗丝百叶帘是在铝合金百叶帘及木百叶帘的系统基础上，采用高级复合材料作为帘片，采用微透光及全面遮光面料横帘式设计，结合了透气窗和纱帘的优点，整体构架轻巧，叶片防潮、阻燃性能优异，色彩、纹理丰富且充满个性化。不易吸附灰尘，防潮防霉，不易变形，抗污、抗静电，帘片具高弹性能、抗弯、无划痕。

选购技巧

百叶帘是一种比较安全和环保的产品，只要是合格产品均可放心使用。它是靠百叶的转动来调节角度的，所以百叶的质量很重要，选购时注意观察看百叶是否平滑、均匀，是否会起毛边；打开叶片，看叶片与叶片是否完全平行，缝隙是否均匀，是否有弯曲的现象；调节杆有两个作用，一是调节百叶窗帘的升降开关，另一个是调节叶片的角度，来回拉动拉杆测试，看升降是否顺利，转动叶片是否顺利无阻碍。

保养常识

平时用布或刷子掸扫，每月彻底清洁一次，用湿布顺一个方向逐叶擦拭即可，如果比较脏可以用中度洗涤剂加水擦洗，之后用棉布擦洗后阴干，还可以喷些擦光剂，能使百叶窗较长时间保持光洁。有些轨道是用胶粘合的，要注意不要让轨道和轴里进水。清洗后应自然风干，以免破坏其质感。

13 芳香剂除臭，能不用就不用

如果卫生间内的地漏或者下水做的不好就容易产生臭味，有些人习惯在里面摆放一些芳香剂或者喷洒空气清新剂来掩盖臭味，或者在柜子里摆放除臭剂。实际上此类产品都是化学物质，并不能从根本上解决污染问题，还会加重污染，甚至于等于慢性自杀。

将芳香剂放在卫生间是最常见的做法，有的人还会放在卧室、客厅中。

芳香剂有固体的也有液体喷洒式的，添加了各种味道的香料，使产品散发香味。

类别介绍

1 固体芳香剂

固体芳香剂的形态是固态，包装多为塑料盒，上面有百叶状的透气孔，使内部物质的香味散发出来，因其摆放、携带方便，是目前使用最多的一种芳香剂。

2 液体芳香剂

液体的芳香常见为玻璃瓶包装，散发香味的方式一般是用毛毡条或滤纸条等作为挥发体插入液体芳香剂的容器中，用来将液体吸上来挥发散香。

3 汽雾芳香剂

汽雾型芳香剂的包装为压力罐，也叫空气清新剂。使用时密闭罐内的空气清新剂可在抛射剂所产生的压力作用下被均匀喷出，并在空气中形成悬浮状态的喷雾。

产品危害

芳香剂对人体的危害来源于过量的有机溶剂，它的主要成分是香料和有机溶剂，香气之所以能够散发到空中全都依赖于有机溶剂，传统的芳香剂有机溶剂为乙醚，罐装产品中又加入了丙烷、丁烷、二甲醚等化学成分。这些芳香剂只能依靠香味掩盖空气中的有害物质的刺激味道，不能分解有害气体，从根本上解决问题。人体吸入挥发性溶剂后，轻则头痛、流泪、易疲乏，重则造成大脑中枢神经麻木、四肢萎缩无力，甚至肝肾脏功用反常、心律不齐等疑问。

家居除臭健康方法

使用芳香剂的危害是巨大的，如果想要为居室内增添一些香气，或者去除卫生间中不好的气味，可以采用天然的材料来达到目的。

DIY除臭剂：在卫生间的用容器盛放一些柠檬酸，杯子旁边再放两块去掉包装的香皂或洗衣皂就可以去除卫生间的异味。原理是用酸吸收并中和掉氨和三甲胺，肥皂的游离碱来吸收硫化氢。

香薰蜡烛：现在的香薰蜡烛种类很多，也有很多档次，如果用在卫浴间可以选择便宜的产品，定期在里面燃烧一支来去除异味，而卧室中可以摆放高级一些的，入睡前燃烧一些，如薰衣草味道的还能助眠，比芳香剂要健康的多。需要注意蜡烛要选择精油制作的，不要选人工香精。

14 塑料家饰品，
易挥发有毒物与塑化剂

❓ 难题解疑

1. 装修完成后，在日常生活中家居的主要污染源是什么？ 解答见 P.182

2. 塑料家饰的毒物主要来源是什么？ 解答见 P.183

3. 怎么判断塑料家饰的质量好坏？ 解答见 P.183

塑料家饰不需要过于打理，款式多色彩丰富，重量轻，造型个性，价格低，因此很受人们的欢迎，然而据统计，在装修完成后，家居空气的最大污染，主要就是集中在家居以及家饰上，特别是塑料制品，例如塑料椅子、餐垫、塑料窗帘等，没有清洗干净、晾晒充足或者劣质产品都含有大量有毒物质和塑化剂。

塑料家饰的污染主要来自于在制作塑料制品的过程中添加的化学溶剂。

类别介绍

1 合格产品

目前市面上的塑料家具原料有聚氯乙烯（PVC）、聚丙烯（PP）、聚氯乙烯（PVC）、聚乙烯（PE）、聚苯乙烯（PS）及丙烯腈—丁二烯—苯乙烯共聚合物（ABS），这类制品如果不进行高温加热都是低毒的，有害物质是控制在安全范围内的，购买后用肥皂水清洗一下，然后放在通风的地方充分晾晒，没有味道以后就可以安心使用。

2 不合格产品

不合格产品的原料就可能是劣质的回收塑料，材料本身就添加了很多物质，而后又加入了添加剂、塑化剂等，毒害物质就会超标，此类塑料家饰有个特点，就是价格低廉，味道过于刺鼻，晾晒后也去除不完全，使用此类家具、饰品对身体有害。

选购技巧

1 不选过于低价的产品

低廉的塑料制品，使用的多是回收塑料，所以价格很低。此类产品通常颜色都非常鲜艳、刺目，目的是用颜色来掩盖其中的杂质。

2 选大品牌

塑料家具具有很多其他家具无法比拟的特点，但一些小厂家为了追求利润或者技术水平不足生产的产品质量不能保证，建议选择知名品牌，例如十大品牌或者免检产品，带有环保认证的最佳。

3 看环保性

塑料家具最好去上场或卖场现场选购，在看样品的时候，除了关注质量和做工外，可以凑近闻一下味道，环保性好的塑料家具，不会有什么味道，劣质的塑料家具，闻起来会有刺鼻的气味。如果家具有很浓的香味，可能是有的厂家为了掩盖产品的味道而添加的香精，最好也不要购买。

4 选牢固度

塑料家具的一个特点就是它的承重能力不如其他家具，比如体重过高的人就不太适合使用塑料家具，而如果生产的原料不佳，买回去很可能使用很短的时间就坏了，选购的时候坐上去感觉一下牢固程度，同时不要忘记问一下保修期，保修期很短的也不建议购买。

15 植物吸甲醛，实用又美观

? 难题解疑

1. 依靠植物能迅速去除家居中的有害物正确么？　　　　　解答见 P.184

2. 哪些植物功能性比较全面？　　　　　　　　　　　　解答见 P.185

3. 在卧室中适合摆放一些什么类型的植物？　　　　　　解答见 P.185

虽然植物对有害物的清除作用很小、很慢，但是的确有些植物能够分解有机挥发溶剂，在经过前期的晾晒、通风以及各种除甲醛的办法后，日常生活中残留的有害物就是有限的了，选择一些植物摆放在空间中，既能美化空间又能慢慢的净化空气，也是不错的方式。

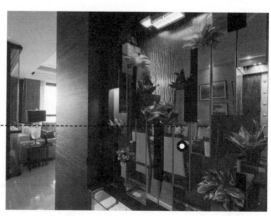

很多植物都有净化空气、杀菌的作用，可以选择喜欢的放在居室内。

波士顿蕨具有代表性，它对于移除甲醛有着非常好的效果。

类别介绍

1 可以除甲醛的植物

此类植物可以通过吸附、转化的方式移除密闭空间内的甲醛，包括有吊兰、虎尾兰、波士顿蕨、菊花、常春藤、垂榕、芦荟、龙舌兰、秋海棠、鸭跖草和绿萝等。

2 可移除苯的植物

此类植物可以通过吸附、转化的方式移除密闭空间内的苯系物，包括有常春藤、非洲菊、菊花、虎尾兰、龙舌兰、燕子掌、红掌、苏铁、竹蕉和巴西木等。

3 可除尘的植物

此类植物室外纤毛能截留并吸滞空气中的飘浮微粒及烟尘，进而减少空气中的粉尘含量，包括有兰花、桂花、腊梅、花叶芋、红背桂、非洲堇、铁十字秋海棠、盆菊和大岩桐等。

4 能杀菌的植物

此类植物可以通过本身的精油作用去除室内的细菌，包括有常春藤、非洲菊、菊花、虎尾兰、龙舌兰、燕子掌、红掌、苏铁、竹蕉和巴西木等。

选购技巧

客厅人员来往比较多，除了去除甲醛的植物外，还适合选择能够除尘和杀菌的植物。除此之外，摆放有除虫作用的猪笼草也是不错的选择；虎尾兰、常春藤可以杀灭细菌，而且是耐阴植物，蕨类、椒草类植物喜欢潮湿，可以摆放在浴缸边；卧室适合放置绿萝这类叶大且喜水的植物，还能使空气湿度保持在最佳状态；吊兰和绿萝具有较强的净化空气，是厨房内的不二选择。

牢记植物的作用是有限的

虽然植物确实具有辅助作用，但作用是有限的，很多人夸大了植物的作用，以为光靠植物就可以完全去除有害物质，实际上是错误的。研究表明，一个 $100m^2$、高 3m，甲醛浓度值为 $0.2\ mg/m^3$ 的房间，同时需要 1800 盆绿萝，才能将甲醛降为国家标准。

16 居住地区湿度高，用除湿机帮忙

　　滋生细菌，人体的皮肤容易过敏、出现痘痘、甚至产生皮癣、湿疹等。而同样的，很多地区也会有梅雨季，也处于一种潮湿的大环境中。当室内湿度超过 60% 的时候，就可以利用家庭除湿机来帮忙，使室内湿度调节到人体舒适的状态上，减少潮气对身体以及室内家具、各界面的伤害。

　　除湿机是帮助家庭去除潮气、湿气的主要帮手，小型的家用机器移动起来很方便。

　　除湿机的选择很有讲究，需要结合面积、功能等来进行选择，才能够使空气湿度保持舒适的状态。

产品功效

1 调节湿度

有医学科研报告指出，人体生存环境的相对湿度以 60%~70% 为佳，湿度过大会对健康造成危害。除湿机是利用空气的循环作用将空气中的水分液化为水滴，使空气的湿度保持在 50%~60% 范围内，使人体感觉舒适，减少风湿病、关节炎、神经痛、气管炎、哮喘等疾病的发生。

2 减少细菌滋生

湿度高的环境是各种细菌快速繁殖的温床，使用除湿机可以有效地减少霉菌和其他细菌的滋生，如果湿度在 60% 以下，细菌和有害的微生物会明显减少。

3 带有净化空气的作用

除了去除空气湿度外，还有一些款式同时采用了活性碳空气过滤网，将物理吸附和化学分解相结合，处理空气时同时分解分解包含在其中的甲醛、氨、苯、香烟、油烟等有害气体及各种异味，还有带有负离子功能的款式，可以同时实现降尘和解毒。

4 保护电器和家具

湿度过大的环境，家用电器的原件很容易快速的生锈腐蚀，木质家具容易因为湿度过大而翘曲、变形，使用除湿机可以避免这些问题的产生。

选购技巧

1 根据面积选择容量

买除湿力太小会让除湿机负担太大，除湿力太强又会消耗多余电力，按照使用空间的面积来选购最合适。这里有一个简单的计算方式：如室内面积为 $6m^2$，$3.3 \times 6 \times 0.24 = 4.8$，可以购买 5L 容量的除湿机。也可以简化成 1:1 的比例，譬如 $6m^2$ 就买 6L 容量的除湿机。

2 选经过 3C 认证的产品

除湿机属于电器类，是需要进行安全认证的，合格的产品都会经过"CCC"即 3C 国家强制性认证标准，如没有通过该认证的产品则为不合格产品，使用可能会存在安全隐患。

3 选择具有除湿控制力的款式

没有除湿控制能力的机器，有时会导致于房间低于人体最适的湿度（45%~65% 湿度），会使人感到不舒服嘴唇会干裂和感到口渴。最好选择有湿度控制的除湿机。

使用须知

1 放在空气流通的地方

除湿机应放置在家居中空气流通的地方，避免放在死角，会造成气流短路，达不到需要的除湿效果。同时应放置在坚固平坦的地方，以免产生振动及噪声，避免日光直射或接近发热器具。

2 高度离地 1m 能让湿气利用最大化

由于家用除湿机采取的是微电脑控制，湿度传感器是精密仪器，所以在强腐化的气体空气净化器和大尘埃环境中应用便会使仪器失灵。最好是把家用除湿机放置在 1m 左右高的桌子上，这样喷出的湿气能更好地在室内流通，让湿气利用率最大化。

3 远离其他家用电器

家用除湿机不应放置在电器旁边，会严重地影响电器的绝缘性能，很有可能会出现高压打火的现象；也不建议把除湿机放置在空调的出风口下方，这样会导致空调元件受潮。

4 除湿机对环境温度有要求

新型的除湿轮式除湿机虽然没有越低温除湿力越低的问题，但低于室温 1 度以下除湿轮除湿机依然是没有除湿力的，除湿轮式除湿机的温度使用范围是 1~ 40℃。

保养常识

1 每个月清洗一次水箱

家用除湿机使用频繁的时候，水箱和水箱盖子每个月都应清洗，清洗水箱盖清洗时，不要强拉排水口和拆下浮球，浮球上的污渍可直接清洗。顽固的污渍用稀释过的中洗碗剂清洗。

2 半个月清洗一次过滤网

滤网是脏的最快的部件，所以需要半个月左右就清洗一次，比较脏的过滤网，可以使用清洁产品浸泡，然后使用软毛刷去刷洗，注意不要损坏过滤网。清洗干净之后，一定要干透再重新安装。如果滤网损坏，应及时更换新品。

3 专业清洗剂清洗内芯

除湿机内部的冷凝器和蒸发器等特殊构件是滋生细菌的温床。在除湿机的运行过程中，空气中80% 的微小灰尘和细菌穿过过滤网进入除湿机内部，与冷凝水黏合后堵塞在蒸发器上，成为了各种细菌的繁殖温床，而这些脏物从表面却看不到，可以使用用专用的空调清洗剂清洗。

好书推荐

① 家装水电改造技巧的全面详解。从基础知识、准备工作到操作技巧、注意事项全涵盖。帮助轻松搞定隐蔽工程。

② 精辟分析家居色彩搭配的技巧，全面阐释色彩与空间的关系，色彩分类一看就懂，配色技巧一学就会。

③ 超强整合装修预算的规划和支出，详细讲解装修全过程中节省预算的技巧，预算清单一看就懂，省钱技巧一学就会。

④ 全面涵盖软装设计师必备知识，轻松打破"大改格局"的装修理念，搭配技巧一看就懂，布置方法一学就会。

好书推荐

 拒绝森严单调的灰色格子间，专属定制舒适、高效的创意办公空间。

② 全面涵盖独具创意的主题餐厅，实力唤醒餐饮空间的"视觉味蕾"。

③ 家装万用建材大集合，从材料特性、市场价位到运用技巧、购买时间全解析。帮助选对好材料，搞定理想家。

④ 一本家装施工的百科全书，从定工序、选工法到省预算、做验收，一应俱全，从此预算更省钱，施工更专业，监工更有谱。

⑤ 电工高级技师的实力指导，对目前家装水电改造领域的专业知识和各项实操技能进行清晰、全面的介绍，令初学者也能快速掌握要点。